Wissenschaftliche Taschenbücher

Mathematik · Physik

Die Elektronenröhre

Elektronik für den Physiker

II

WTB Wissenschaftliche Taschenbücher

ROLF BORSDORF/MANFRED SCHOLZ
Spektroskopische Methoden in der organischen Chemie

WERNER HABERDITZL
Magnetochemie

GERHARD HEBER
Mathematische Hilfsmittel der Physik, Teil I und II

A. A. SOKOLOW
Elementarteilchen

HEINZ AHRENS
Varianzanalyse

HANS-JÜRGEN TREDER
Relativität und Kosmos
Raum und Zeit in der Physik, Astronomie und Kosmologie

ALBERT EINSTEIN
Grundzüge der Relativitätstheorie

ALBERT EINSTEIN
Über die spezielle und die allgemeine Relativitätstheorie

GÜNTHER LUDWIG
Wellenmechanik. Einführung und Originaltexte

HARRY PAUL
Lasertheorie, Teil I und II

FRANZ RUDOLF KESSLER
Einführung in die physikalischen Grundlagen der Kernenergiegewinnung

EBERHARD HOFMANN
Eiweiße und Nucleinsäuren als biologische Makromoleküle
Dynamische Biochemie, Teil I

EBERHARD TEUSCHER
Pharmakognosie, Teil I und II

D. TER HAAR
Quantentheorie. Einführung und Originaltexte

J. H. SANDERS
Die Lichtgeschwindigkeit

JEAN KUNTZMANN
Unendliche Reihen
Mathematische Hilfsmittel der Physik und Chemie
Mit 94 Übungen und 29 Aufgaben

JEAN KUNTZMANN
Systeme von Differentialgleichungen
Mathematische Hilfsmittel der Physik und Chemie
Mit 88 Übungen und 40 Aufgaben

JEAN KUNTZMANN
Komplexe Veränderliche
Mathematische Hilfsmittel der Physik und Chemie
Mit 90 Übungen und 37 Aufgaben

FERDINAND CAP
Einführung in die Plasmaphysik
I. Theoretische Grundlagen
— insgesamt 3 Bände —

J. A. ROSANOW
Wahrscheinlichkeitstheorie

SIEGFRIED HAUPTMANN
Über den Ablauf organisch-chemischer Reaktionen

STEPHEN G. BRUSH
Kinetische Theorie, Teil I und II

HARRY PFEIFER
Theorie linearer Bauelemente
Elektronik für den Physiker I

HARRY PFEIFER
Die Elektronenröhre
Elektronik für den Physiker II

HARRY PFEIFER
Schaltungen mit Elektronenröhren
Elektronik für den Physiker III

Vorschau auf die nächsten Bände:

GERHARD HÜBNER
Die Rolle des Wassers

HARRY PFEIFER
Leitungen und Antennen
Elektronik für den Physiker IV

HARRY PFEIFER
Mikrowellenelektronik
Elektronik für den Physiker V

HARRY PFEIFER
Halbleiterphysik
Elektronik für den Physiker VI

EBERHARD HOFMANN
Enzyme und energieliefernde Stoffwechselreaktionen
Dynamische Biochemie, Teil II

PETER KRUMBIEGEL
Isotopieeffekte

D. M. BRINK
Kernkräfte. Einführung und Originaltexte

HERBERT GOERING
Elementare Methoden zur Lösung von Differentialgleichungsproblemen

DIETER ONKEN
Steroide
Zur Chemie und Anwendung

ARTHUR P. CRACKNELL
Angewandte Gruppentheorie
Einführung und Originaltexte

WTB

BAND 39

Harry Pfeifer

Die Elektronenröhre

Elektronik für den Physiker II

Mit 28 Abbildungen und 9 Tabellen

AKADEMIE-VERLAG · BERLIN

PERGAMON PRESS · OXFORD

VIEWEG + SOHN · BRAUNSCHWEIG

Reihe MATHEMATIK UND PHYSIK

Verantwortlicher Herausgeber dieses Bandes:
Prof. Dr. W. Holzmüller

Verfasser:
Prof. Dr. H. Pfeifer
Sektion Physik der Karl-Marx-Universität Leipzig

1970
2., berichtigte und überarbeitete Auflage

Lizenznummer: 202 · 100/433/70
Herstellung: VEB Druckhaus „Maxim Gorki", 74 Altenburg
Bestellnummer: Akademie-Verlag 7039 · ES 20 K 1/18 B 6
Pergamon Press 08 017565 1
Vieweg + Sohn 6039
Printed in German Democratic Republic

Inhaltsverzeichnis

0. Einleitung

Die verwendeten Symbole entsprechen im wesentlichen den Empfehlungen der „Internationalen Union für reine und angewandte Physik (IUPAP)“ (vgl. Mitteilungen der Physikalischen Gesellschaft in der DDR Nr. 21 vom Okt. 1962). Lediglich für die elektrische Spannung wird der Buchstabe U an Stelle von V verwendet.

Zur Kennzeichnung der verschiedenen Darstellungen bzw. Anteile einer physikalischen Größe gilt:

Augenblickswert: gewöhnlicher Buchstabe (a),
Gleichanteil: Buchstabe überstrichen ($\bar{a}$),
Komplexe Amplitude: Buchstabe unterstrichen ($\underline{a}$),
Scheitelwert: Buchstabe mit Akzent ($\check{a}$), also gilt $|\underline{a}| = \check{a}$,
Operator: Buchstabe mit Tilde ($\tilde{a}$),
Vektor: Buchstabe halbfett und kursiv ($\boldsymbol{a}$),
Tensor: Buchstabe halbfett und gerade ($\mathbf{a}$).

Damit ergibt sich beispielsweise

$$\begin{aligned} a &= \bar{a} + \check{a} \cos(\omega t + \varphi) \\ &= \bar{a} + \operatorname{Re}\{\check{a} \exp(j(\omega t + \varphi))\} \\ &= \bar{a} + \operatorname{Re}\{\underline{a} \exp(j\omega t)\} \end{aligned}$$

wegen

$$\underline{a} = \check{a} \exp(j\varphi).$$

Diese Vereinbarung mußte gewählt werden, da die konsequente Anwendung von DIN 1344 bzw. DIN 5483 in der Physik zu Schwierigkeiten mit den IUPAP-Empfehlungen (verschiedene Bedeutung von Groß- und Kleinbuchstaben) führen würde.

Eine Zusammenstellung der wichtigsten Symbole und die Bedeutung, die sie in den meisten Fällen besitzen, findet man im Teil I dieser Reihe. Alle anderen Formelzeichen, die im Text oder in den Abbildungen neu eingeführt werden, sind auf dem Seitenkopf vermerkt. Dies gilt insbesondere auch für solche Symbole, die in dem betreffenden Abschnitt eine andere Bedeutung besitzen als gewöhnlich.

7. BOLTZMANN-, BOSE- und FERMI-Statistik

Wenn wir die Gesetze der Elektronenemission ableiten wollen, müssen wir zunächst Statistik betreiben. Auch für die Behandlung der Elektrizitätsleitung in Halbleitern, für die Lösung von Rauschproblemen usw. sind Grundkenntnisse der Statistik erforderlich, weshalb wir hier einen kurzen Überblick geben wollen.

Die Grundfragen der Statistik können in dem Satz zusammengefaßt werden: *Was* wird *worauf* und *wie* verteilt?

Bezüglich der Frage „was?“ gibt es zwei Möglichkeiten:

1. einzelne Teilchen, z. B. Elektronen, Atome usw., deren Wechselwirkung so klein ist, daß jedes Teilchen losgelöst von den anderen betrachtet werden kann; diese Art der Statistik nennt man die BOLTZMANNsche Statistik;

2. Systeme, z. B. lauter gleiche Einkristalle oder lauter gleiche Mengen eines bestimmten Stoffes; diese Art der Statistik, die vor allem dort angewandt werden muß, wo die Wechselwirkung zwischen den atomaren Teilchen so groß ist, daß sie nicht unabhängig voneinander betrachtet werden können, nennt man die GIBBSsche Statistik.

Wir wollen uns aber im folgenden nur mit den Verteilungsfunktionen für Teilchen (BOLTZMANNsche Statistik) beschäftigen, wobei im Abschnitt 7.1. die Frage „worauf“ und im Abschnitt 7.2. die Frage „wie“ beantwortet wird.

7.1. Zustände atomarer Teilchen

Da es sich bei unseren Betrachtungen um atomare Teilchen handelt, müssen wir ihr Verhalten quantenmechanisch beschreiben. Natürlich können wir in diesem Rahmen auf quantenmechanische Probleme nicht näher eingehen und wollen deshalb nur kurz einige für das Verständnis des Folgenden wichtige Tatsachen zusammenstellen.

In der Quantenmechanik wird der Zustand eines Teilchens durch eine Orts- und Zeitfunktion $\Psi(\boldsymbol{r},t)$ beschrieben (Wellenfunktion), mit deren Hilfe man die physikalischen Größen des Teilchens in diesem Zustand als Erwartungswerte bestimmen kann.

Der Erwartungswert einer physikalischen Größe ist dabei der Mittelwert, der sich bei einer großen Anzahl von Messungen dieser Größe an dem Teilchen in diesem Zustand ergibt.

Angenommen, wir kennen die Wellenfunktion für einen bestimmten Zustand des Teilchens — sie sei $\Psi_n(\boldsymbol{r},t)$ —, dann ergibt sich der Erwartungswert $\langle G \rangle$ einer physikalischen Größe G nach folgendem Rezept:

1. G wird ersetzt durch einen Operator $\tilde{G}$.

2. Mit diesem Operator wird das Integral

$$\langle G \rangle = \int \Psi_n^* \, \tilde{G} \, \Psi_n \, \mathrm{d}\tau \qquad (7.1)$$

gebildet, wobei $\mathrm{d}\tau$ das Volumenelement darstellt und die Integration über den gesamten Raum zu erstrecken ist.

Hierbei bleiben noch zwei offene Fragen, nämlich *a*) die Angabe des Operators $\tilde{G}$ zur Größe G und *b*) die Ermittlung von Ψ_n. Diese Fragen werden in der Quantenmechanik ausführlich behandelt, und wir geben hier nur einige Resultate.

In Tab. 7.1 sind für einige physikalische Größen die zugehörigen Operatoren aufgeschrieben.

Tabelle 7.1. Einige physikalische Größen und die zugehörigen Operatoren

	Physikalische Größe	*Operator*
Ortsvektor	$\boldsymbol{r} = \begin{cases} x \\ y \\ z \end{cases}$	$\tilde{\boldsymbol{r}} = \begin{cases} x \\ y \\ z \end{cases}$
Impuls	$\boldsymbol{p} = \begin{cases} p_x \\ p_y \\ p_z \end{cases}$	$\tilde{\boldsymbol{p}} = \begin{cases} -j\hbar \frac{\partial}{\partial x} \\ -j\hbar \frac{\partial}{\partial y} \\ -j\hbar \frac{\partial}{\partial z} \end{cases}$
Gesamtenergie	E	$j\hbar \frac{\partial}{\partial t}$

Die Bestimmung der Ψ selbst erfolgt in drei Schritten:

1. Aufstellung und Lösung der SCHRÖDINGER-Gleichung

$$j\hbar \frac{\partial}{\partial t} \Psi = \left(E_{pot} - \frac{\hbar^2}{2m} \Delta\right) \Psi, \qquad (7.2)$$

wobei $\hbar$ die PLANCKsche Konstante, dividiert durch 2π, E_{pot} die potentielle Energie, m die Masse des Teilchens und Δ der Deltaoperator (vgl. Tab. 1.4, Teil I, S. 24) ist,

2. Auswahl der eindeutigen, stetigen und quadratisch integrierbaren[1]) Lösungen,

[1]) Quadratisch integrierbar heißt, daß das Integral $\int \Psi^* \Psi \, d\tau$ endlich ist.

3. Normierung, d. h. Multiplikation der ausgewählten Lösungen mit einem solchen Faktor, daß die Gleichung

$$\int \Psi^* \Psi \, \mathrm{d}\tau = 1 \tag{7.3}$$

erfüllt ist.

Wir wollen nun kräftefreie Teilchen betrachten, also

$$E_{\text{pot}} = 0 \tag{7.4}$$

annehmen, d. h., die Teilchen üben untereinander keine Wechselwirkungen aus und stehen auch nicht unter dem Einfluß äußerer Kräfte (z. B. verdünntes Gas bei Vernachlässigung der Schwerkraft).

Mit dem Lösungsansatz

$$\Psi(\boldsymbol{r}, t) = \psi(\boldsymbol{r}) f(t) \tag{7.5}$$

folgt aus der SCHRÖDINGER-Gleichung

$$\frac{j\hbar \dfrac{\partial f(t)}{\partial t}}{f(t)} = \frac{-\dfrac{\hbar^2}{2m} \Delta \psi(\boldsymbol{r})}{\psi(\boldsymbol{r})} = C, \tag{7.6}$$

wobei C unabhängig von $\boldsymbol{r}$ und t sein muß, da der linke Quotient nicht von $\boldsymbol{r}$ und der mittlere nicht von t abhängt. Bilden wir den Erwartungswert der kinetischen Energie,

$$\langle E_{\text{kin}} \rangle = \int \Psi^* \left(\frac{\tilde{p}^2}{2m} \right) \Psi \, \mathrm{d}\tau, \tag{7.7}$$

so folgt mit Tab. 7.1 und den Gleichungen (7.6) und (7.3)

$$\begin{aligned} \langle E_{\text{kin}} \rangle &= \int f^*(t)\, \psi^*(\boldsymbol{r}) \left(-\frac{\hbar^2}{2m} \Delta \right) f(t)\, \psi(\boldsymbol{r}) \, \mathrm{d}\tau \\ &= \int f^*(t)\, \psi^*(\boldsymbol{r})\, C f(t) \psi(\boldsymbol{r}) \, \mathrm{d}\tau \\ &= C, \end{aligned} \tag{7.8}$$

und wegen Gl. (7.4) ist also C gleich der Gesamtenergie E des Teilchens in diesem Zustand. Gl. (7.6) zerfällt damit in die beiden Beziehungen

$$f(t) = \exp\left(-j\,\frac{E}{\hbar}\,t\right) \tag{7.9}$$

und

$$-\frac{\hbar^2}{2m}\,\Delta\psi(\boldsymbol{r}) = E\psi(\boldsymbol{r})\,. \tag{7.10}$$

Als Lösung von Gl. (7.10) erhalten wir, wie man durch Einsetzen leicht nachprüfen kann,

$$\psi = \{A_x \exp(j k_x x) + B_x \exp(-j k_x x)\}\,\{A_y \exp(j k_y y) + B_y \exp(-j k_y y)\}\,\{A_z \exp(j k_z z) + B_z \exp(-j k_z z)\} \tag{7.11}$$

mit

$$\boldsymbol{k}^2 = k_x^2 + k_y^2 + k_z^2 = \frac{2mE}{\hbar^2}\,. \tag{7.12}$$

Nun sollen sich die Teilchen in einem Kasten mit den Kantenlängen a, b, c befinden (vgl. Abb. 7.1). Die starren

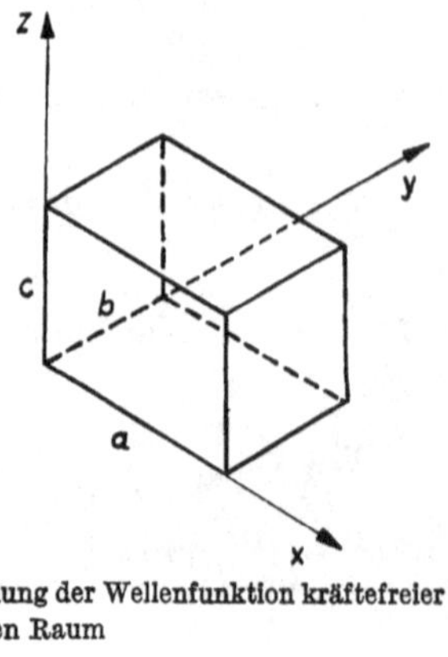

Abb. 7.1. Zur Berechnung der Wellenfunktion kräftefreier Teilchen in einem abgeschlossenen Raum

Wände des Kastens können wir uns so verwirklicht denken, daß die potentielle Energie außerhalb des Bereiches $0 \leqq x \leqq a$, $0 \leqq y \leqq b$, $0 \leqq z \leqq c$ einen unendlich hohen Wert annimmt. Daraus folgt, daß ψ in diesem Gebiet einschließlich der Ränder gleich Null sein muß. Aus $\psi(0,0,0) = 0$ ergibt sich insbesondere

$$B_x = -A_x, \quad B_y = -A_y, \quad B_z = -A_z \qquad (7.13a)$$

und aus $\psi(0,0,0) = \psi(a,b,c)$

$$k_x = \frac{\pi n_x}{a}, \qquad k_y = \frac{\pi n_y}{b}, \qquad k_z = \frac{\pi n_z}{c}, \qquad (7.13b)$$

wobei n_x, n_y und n_z ganze Zahlen sein müssen. Damit sind von der kontinuierlichen Vielfalt der Lösungen Gl. (7.11) nur diskrete Lösungen, die sogenannten Eigenfunktionen, erlaubt. (Die zugehörigen Energien, die also gemäß Gl. (7.12) ebenfalls nur diskrete Werte annehmen können, heißen Eigenwerte.)

Wir fragen nun zunächst nach der Zahl g der möglichen Zustände (Eigenfunktionen) für den Fall, daß der Teilchenimpuls in einen vorgegebenen Bereich

$$(p_x \ldots p_x + \Delta p_x; \; p_y \ldots p_y + \Delta p_y; \; p_z \ldots p_z + \Delta p_z)$$

fallen soll. Für das Quadrat der x-Komponente des Teilchenimpulses gilt auf Grund von Gl. (7.11) und Tab. 7.1

$$p_x^2 = \hbar^2 k_x^2 \qquad (7.14)$$

und, wenn wir noch k_x durch Gl. (7.13b) ersetzen,

$$p_x^2 = \hbar^2 \left(\frac{\pi n_x}{a}\right)^2. \qquad (7.14a)$$

In das Intervall $(p_x \ldots p_x + \Delta p_x)$ fallen also

$$\frac{\Delta p_x}{\hbar \dfrac{\pi}{a}} = \frac{2a}{h} \Delta p_x \qquad (7.15)$$

Zustände, da $\hbar\pi/a$ der Abstand zweier benachbarter Eigenwerte von p_x ist. Bei einer Summation (Integration) über die positiven *und* negativen Werte von p_x würden alle Zustände doppelt gezählt, da eine Vorzeichenänderung von n_x keinen neuen Zustand bedeutet. (Die Wellenfunktion ψ ändert dann lediglich ihr Vorzeichen und stellt keine linear unabhängige neue Lösung von Gl. (7.10) dar.) Aus diesem Grund haben wir noch (7.15) durch den Faktor 2 zu dividieren und erhalten nach Erweiterung auf drei Dimensionen

$$g = \frac{a}{h} \Delta p_x \frac{b}{h} \Delta p_y \frac{c}{h} \Delta p_z$$

$$= \frac{V}{h^3} \Delta p_x \Delta p_y \Delta p_z \tag{7.16}$$

mit dem Volumen $V = abc$.

Zur Berechnung der Zahl $g(E)$ der möglichen Zustände für den Fall, daß die Energie E des Teilchens in ein vorgegebenes Intervall

$$(E \ldots E + \Delta E)$$

fallen soll, gehen wir im $p_x p_y p_z$-Raum zu Kugelkoordinaten über und integrieren, da E nicht vom Polar- und Azimutwinkel abhängt (vgl. Gln. (7.12) und (7.14)), über diese Winkel.

Damit folgt dann sofort

$$g(E) = \frac{V}{h^3} \cdot 4\pi p^2 \Delta p \tag{7.17}$$

mit

$$p^2 = p_x^2 + p_y^2 + p_z^2. \tag{7.18}$$

Ersetzen wir noch p durch die Energie E gemäß der Beziehung

$$E = \frac{p^2}{2m}, \tag{7.19}$$

so folgt schließlich

$$g(E) = \frac{2\pi V}{h^3} (2m)^{3/2} \sqrt{E}\, \Delta E\,. \tag{7.20}$$

7.2. Die Verteilungsfunktion

Wir vergessen zunächst die Resultate des Abschnitts 7.1., die ja nur für kräftefreie Teilchen gelten, und setzen lediglich voraus, daß die Teilchen, die wir verteilen wollen, nur in ganz bestimmten Zuständen existieren können [z. B. im Abschnitt 7.1. Gl. (7.11) mit Gl. (7.13)], in denen sie ganz bestimmte Energien (Eigenwerte) besitzen, die aber auch teilweise gleich sein können [in Abschnitt 7.1. Gl. (7.12) mit Gl. (7.13), wo beispielsweise für $a = b$ eine Vertauschung von n_x und n_y an der Energie nichts ändert: Entartung].

Dann haben wir zwischen zwei Fällen zu unterscheiden:

1. Die Eigenwerte sind auf diskrete Energien verteilt (vgl. Abb. 7.2*a*).

2. Die Eigenwerte liegen so dicht, daß man praktisch von einem Kontinuum sprechen kann. Dieser zweite Fall, der beispielsweise für die im Abschnitt 7.1. behandelten

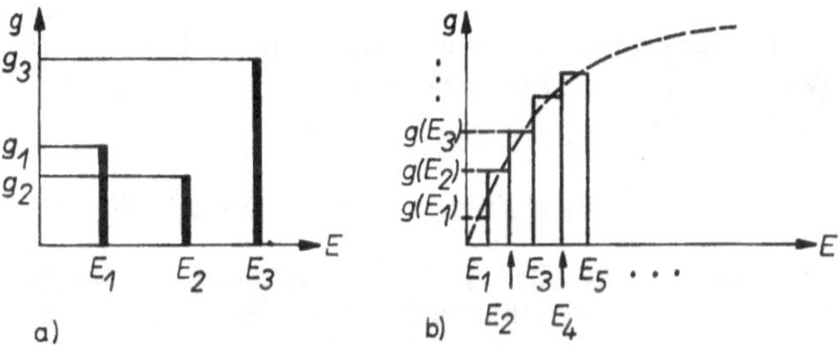

Abb. 7.2. Zahl der Zustände als Funktion der Energieeigenwerte
a) **die Eigenwerte gruppieren sich um diskrete Werte;** ***b)*** **die „quasikontinuierlich" verteilten Eigenwerte werden zu Gruppen zusammengefaßt**

kräftefreien Teilchen gilt, kann aber formal auf den ersten Fall zurückgeführt werden, indem man die Energie E in kleine Intervalle ΔE einteilt und die Zahl der Zustände in diesen Intervallen der zugehörigen mittleren Energie zuschreibt (Abb. 7.2*b*). Im Resultat wird dann der Grenzübergang $\Delta E \to 0$ und damit die „Rücktransformation" zur stetigen Kurve vollzogen.

Im folgenden werden wir also annehmen, daß das Teilchen nur die diskreten Energien $E_1, E_2, E_3, \ldots$ besitzen kann, wobei es $g_1, g_2, g_3, \ldots$ verschiedene Möglichkeiten (Zustände) gibt. N_i sei die Zahl der Teilchen mit der Energie E_i und $N = \sum_i N_i$ die Gesamtzahl.

Die BOLTZMANN-, BOSE- und FERMI-Statistik unterscheiden sich nun lediglich im Verteilungsprinzip, und zwar gilt

für die BOLTZMANN-Statistik:
die Teilchen sind unterscheidbar, (7.21)

für die BOSE-Statistik:
die Teilchen sind nicht unterscheidbar, (7.22)

für die FERMI-Statistik:
die Teilchen sind nicht unterscheidbar, und es darf ein bestimmter Zustand nur von einem Teilchen eingenommen werden. (7.23)

Als Beispiel betrachten wir den einfachen Fall, daß zwei Teilchen auf vier Zustände einer Energie (E_1) verteilt werden sollen:

$$g_1 = 4,\ g_2 = g_3 = \ldots = 0,\ N = N_1 = 2.$$

Dann ergeben sich die in Abb. 7.3 dargestellten Möglichkeiten, d. h. nach BOLTZMANN 16 oder allgemein $g_i^{N_i}$, nach BOSE 10 oder allgemein $\binom{N_i + g_i - 1}{N_i}$ und nach FERMI 6 oder allgemein $\binom{g_i}{N_i}$ Möglichkeiten. Da bei

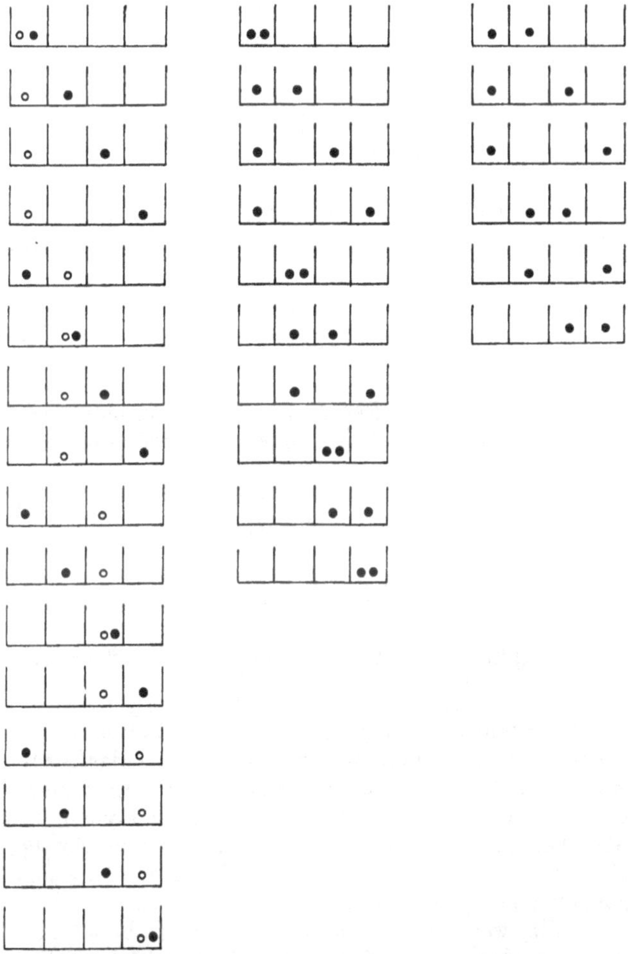

Abb. 7.3. Die verschiedenen möglichen Verteilungen von zwei Teilchen auf vier Zustände nach der BOLTZMANN-, BOSE- und FERMI-Statistik

der BOLTZMANN-Verteilung die Teilchen unterscheidbar sind, entstehen beim Austausch der Teilchen zwischen den verschiedenen E_i (wobei natürlich die N_i ungeändert bleiben müssen) noch zusätzlich

$$\frac{N!}{\prod\limits_i N_i!} \text{ Möglichkeiten.}$$

Die Gesamtzahl der Verteilungsmöglichkeiten ohne Änderung der Makroverteilung (= thermodynamische Wahrscheinlichkeit) wird also

$$P_{Bz} = \frac{N!}{\prod\limits_i N_i!} \prod_i g_i^{N_i} \tag{7.24}$$

und nach BOSE bzw. FERMI, wo ein Austausch zwischen den verschiedenen E_i keine neue Mikroverteilung liefert,

$$P_B = \prod_i \binom{N_i + g_i - 1}{N_i}, \tag{7.25}$$

$$P_F = \prod_i \binom{g_i}{N_i}. \tag{7.26}$$

Das Produkt $\prod\limits_i$ ist dabei über alle möglichen Energien E^i zu erstrecken. Da sich der Zustand eines Systems, d. h. einer Vielzahl von Teilchen, im Laufe der Zeit dem wahrscheinlichsten Zustand nähern wird (sofern das System sich selbst überlassen bleibt), können wir sagen, daß P einem Maximum zustrebt. Aus der Thermodynamik ist aber bekannt, daß die gleiche Aussage für die Entropie S des Systems gilt, so daß P und S irgendwie funktionell zusammenhängen müssen.

Da für zwei Systeme, die wir durch die Indizes 1 und 2 unterscheiden wollen, die Gesamtentropie gleich der Summe der Einzelentropien ist,

$$S_{ges} = S_1 + S_2, \tag{7.27}$$

und für die Gesamtzahl der Verteilungsmöglichkeiten

$$P_{\text{ges}} = P_1 P_2 \tag{7.28}$$

gilt, muß

$$S = k \ln P \tag{7.29}$$

sein, wobei k eine Konstante darstellt, und zwar, wie noch gezeigt wird, die BOLTZMANN-Konstante.

Zur Auffindung der Gleichgewichtsverteilung bestimmen wir das Maximum von S unter Berücksichtigung der Nebenbedingungen

$$\sum_i N_i E_i = E = \text{const}, \tag{7.30}$$

$$\sum_i N_i = N = \text{const}, \tag{7.31}$$

d. h., wir nehmen an, daß das System abgeschlossen ist, so daß die Gesamtenergie und die Gesamtzahl der Teilchen konstant bleibt.

Also muß (LAGRANGEsche Methode) gelten

$$\delta(S + \alpha N + \beta E) = 0 \tag{7.32}$$

oder

$$\sum_i \left(\frac{\partial S}{\partial N_i} + \alpha + \beta E_i\right) \delta N_i = 0, \tag{7.33}$$

wobei α und β Konstanten sind. Da wir zwei Nebenbedingungen [Gln. (7.30) und (7.31)] haben, sind $Z - 2$ von den δN_i frei wählbar, wenn wir mit Z die Gesamtzahl der möglichen Energien ($i = 1, \ldots, Z$) bezeichnen. Wir wählen sie z. B. positiv und die beiden Konstanten α und β so, daß die Klammern vor den restlichen beiden δN_i Null werden. Dann müssen aber alle Klammern verschwinden, d. h., es muß gelten

$$\frac{\partial S}{\partial N_i} + \alpha + \beta E_i = 0 \qquad \text{für alle } i. \tag{7.34}$$

Für die weiteren Rechnungen benötigen wir die sog. STIRLINGsche Formel [J 1]

$$\ln(x!) \approx x \ln\left(\frac{x}{\mathrm{e}}\right), \tag{7.35}$$

die für große x gilt. Beachten wir noch, daß gemäß Definition

$$\binom{x}{y} = \frac{x!}{y!\,(x-y)!} \tag{7.36}$$

ist, so folgt mit Gl. (7.29) und unter Verwendung der Beziehungen (7.24), (7.25) bzw. (7.26)

$$\frac{\partial S_{\mathrm{Bz}}}{\partial N_i} = k(\ln g_i - \ln N_i), \tag{7.37}$$

$$\frac{\partial S_{\mathrm{B}}}{\partial N_i} = k[\ln(N_i + g_i - 1) - \ln N_i], \tag{7.38}$$

$$\frac{\partial S_{\mathrm{F}}}{\partial N_i} = k[-\ln N_i + \ln(g_i - N_i)]. \tag{7.39}$$

Wie wir noch beweisen werden, hat die Größe β in Gl. (7.32) für alle drei Verteilungsfunktionen dieselbe Bedeutung, nämlich

$$\beta = -\frac{1}{T}, \tag{7.40}$$

wobei T die absolute Temperatur ist, so daß sich aus den Gleichungen (7.37), (7.38) und (7.39) und Gl. (7.34) ergibt

$$N_i = g_i \exp\left(\frac{\alpha}{k} - \frac{E_i}{kT}\right) \quad (\text{BOLTZMANN}), \tag{7.41}$$

$$N_i = \frac{g_i - 1}{\exp\left(-\frac{\alpha}{k} + \frac{E_i}{kT}\right) - 1} \quad \text{(Bose)}, \qquad (7.42)$$

$$N_i = \frac{g_i}{\exp\left(-\frac{\alpha}{k} + \frac{E_i}{kT}\right) + 1} \quad \text{(Fermi)}. \qquad (7.43)$$

Die darin noch vorhandenen Unbekannten α können aus der Bedingung

$$\sum_i N_i = N \qquad (7.44)$$

bestimmt werden. Die Gleichungen (7.41) bis (7.43) gelten für beliebige Teilchen, da wir noch keinerlei Voraussetzungen hinsichtlich der g_i gemacht haben.

Für das Weitere beschränken wir uns nun auf kräftefreie Teilchen, d. h. ersetzen g_i nach Gl. (7.20). Für die Boltzmann-Verteilung folgt also, wenn wir noch α mit Hilfe von Gl. (7.31) bzw. dem entsprechenden Integral eliminieren,

$$N_i = \frac{2}{\sqrt{\pi}} \frac{N}{(kT)^{3/2}} \sqrt{E_i} \exp\left(-\frac{E_i}{kT}\right) \Delta E \qquad (7.45)$$

oder nach der „Rücktransformation" zur differentiellen Schreibweise

$$\mathrm{d}N = \frac{2}{\sqrt{\pi}} \frac{N}{(kT)^{3/2}} \sqrt{E} \exp\left(-\frac{E}{kT}\right) \mathrm{d}E. \qquad (7.46)$$

Der Verlauf dieser Kurve ist in Abb. 7.4*a* dargestellt. Ersetzen wir E durch den Impuls $\boldsymbol{p}$ gemäß der Beziehung

$$E = \frac{p^2}{2m}, \qquad (7.47)$$

so folgt die bekannte MAXWELLsche Geschwindigkeitsverteilung

$$\mathrm{d}N = \frac{4}{\sqrt{\pi}} N \frac{p^2}{(2mkT)^{3/2}} \exp\left(-\frac{p^2}{2mkT}\right) \mathrm{d}p \tag{7.48}$$

oder mit

$$p^2 = p_x^2 + p_y^2 + p_z^2 \tag{7.49}$$

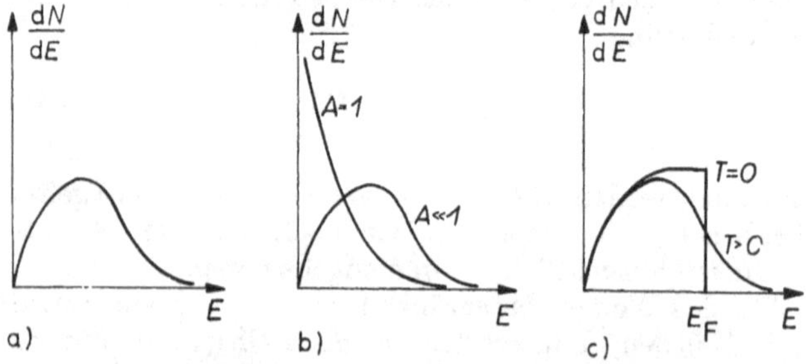

Abb. 7.4. Verteilungsfunktion $\mathrm{d}N/\mathrm{d}E$ für kräftefreie Teilchen *a)* nach BOLTZMANN; *b)* nach BOSE; *c)* nach FERMI

die Verteilungsfunktion für die Komponenten [vgl. z. B. die Gln. (7.16)ff.]

$$\mathrm{d}N = \frac{N}{(2\pi mkT)^{3/2}} \exp\left(-\frac{p_x^2 + p_y^2 + p_z^2}{2mkT}\right) \mathrm{d}p_x \, \mathrm{d}p_y \, \mathrm{d}p_z . \tag{7.50}$$

Mit Hilfe dieser Gleichung läßt sich nun durch Berechnung des Druckes eines idealen Gases leicht beweisen, daß kT tatsächlich das Produkt aus BOLTZMANN-Konstante und absoluter Temperatur darstellt und damit die Gleichung (7.40) für die BOLTZMANN-Verteilung richtig ist.

Die BOSE-Verteilung für kräftefreie Teilchen folgt aus Gl. (7.42), wenn wir g_i entsprechend Gl. (7.20) einsetzen und $g_i \gg 1$ beachten, zu

$$\mathrm{d}N = \frac{2\pi V (2m)^{3/2} \sqrt{E}\,\mathrm{d}E}{h^3 \left\{\frac{1}{A} \exp\left(\frac{E}{kT}\right) - 1\right\}}, \tag{7.51}$$

wobei wir zur differentiellen Schreibweise übergegangen sind und α durch die neue Größe

$$A = \exp\left(\frac{\alpha}{k}\right) \tag{7.52}$$

ersetzt haben, die stets positiv und kleiner als 1 sein muß, da $\mathrm{d}N$ nicht negativ werden kann. Da eine Integration von Gl. (7.51) zur Bestimmung von A [vgl. Gl. (7.44)] allgemein nicht möglich ist, bestimmen wir A nur für den Grenzfall $A \ll 1$ und erhalten

$$A = \frac{N}{V} h^3 (kT \cdot 2m\pi)^{-3/2} \quad (\text{für } A \ll 1), \tag{7.53}$$

d. h., je verdünnter das Gas ist, desto kleiner wird A und desto mehr nähert sich die Bose-Verteilung [Gl. (7.51)] der Boltzmann-Verteilung [Gl. (7.46)].

Aus diesem Grund wird A als Entartungsparameter bezeichnet (vgl. Abb. 7.4*b*). Ein gesonderter Beweis von Gl. (7.40) für die Bose-Verteilung ist nicht nötig, da Gl. (7.51) für verdünnte Gase mit der Boltzmann-Verteilung übereinstimmt und damit die Argumentation auf Seite 20 übernommen werden kann.

Die Fermi-Verteilung für kräftefreie Teilchen erhalten wir analog zum Obigen aus Gl. (7.43) nach Einsetzen von g_i entsprechend Gl. (7.20) und Übergang zur differentiellen Schreibweise zu

$$\mathrm{d}N = \frac{2\pi V (2m)^{3/2} \sqrt{E}\,\mathrm{d}E}{h^3 \left(\exp\left(\frac{E - E_F}{kT}\right) + 1\right)}, \tag{7.54}$$

wobei wir α durch die Größe

$$E_F = \alpha T \tag{7.55}$$

ersetzt haben, die als FERMIsche Grenzenergie bezeichnet wird.

Aus der Bedingung (7.44) ergibt sich näherungsweise [B 1], da eine allgemeine Integration von Gl. (7.54) nicht möglich ist,

$$E_F = \eta \left(1 - \frac{\pi^2}{12} \left(\frac{kT}{\eta}\right)^2\right) \tag{7.56}$$

mit

$$\eta = \frac{h^2}{2m} \left(\frac{3N}{8\pi V}\right)^{2/3}.$$

Wie man aus Gl. (7.54) (vgl. auch Abb. 7.4*c*) ersieht, besteht die Bedeutung von E_F darin, daß die Zustände mit der Energie E_F gerade zur Hälfte besetzt werden und daß für $T = 0$ alle Zustände mit Energien kleiner als E_F voll besetzt sind. Es ist zu betonen, daß Gl. (7.56), nach der die FERMIsche Grenzenergie in erster Näherung nicht von der Temperatur abhängt, aber nur für kräftefreie Teilchen gilt und daß bei Halbleitern beispielsweise eine stärkere Temperaturabhängigkeit der FERMIschen Grenzenergie vorliegen kann. Da für sehr hohe Energien die Besetzungswahrscheinlichkeit sehr klein wird, also die zusätzliche Forderung der FERMI-Verteilung, daß nicht mehr als ein Teilchen einen bestimmten Zustand einnehmen darf [vgl. (7.23)], keine Rolle mehr spielt, muß die FERMI-Verteilung dieselbe Abhängigkeit zeigen wie die BOSE-Verteilung [vgl. Gl. (7.51)]:

$$\mathrm{d}N \sim \sqrt{E}\, \exp\left(-\frac{E}{kT}\right) \mathrm{d}E. \tag{7.57}$$

Da dies aber nur der Fall ist, wenn Gl. (7.40) gilt, wird diese Gleichung damit auch für die FERMI-Verteilung bewiesen.

Es ergibt sich nun natürlich die Frage, wann die verschiedenen Verteilungsfunktionen anzuwenden sind. Wir beginnen mit einem Vergleich der BOLTZMANN- mit der BOSE-Statistik: In allen Fällen verdünnter Gase gilt für den Entartungsparameter $A \ll 1$, d. h., die BOLTZMANN- und die BOSE-Statistik liefern die gleichen Resultate. So ist z. B. für Helium bei 0 °C und Normaldruck $A \approx 4 \cdot 10^{-6}$. Eine Vergrößerung von A [vgl. Gl. (7.53)] bedeutet aber eine Erhöhung der Gasdichte und damit ein Wirksamwerden der VAN-DER-WAALS-Kräfte, so daß die Teilchen nicht mehr als kräftefrei behandelt werden dürfen. Auf die damit zusammenhängenden allgemeinen Probleme wollen wir aber hier nicht näher eingehen, sondern uns mit dem Hinweis begnügen, daß dann die BOSE-Statistik und nicht die BOLTZMANN-Statistik die richtigen Resultate liefert, was ja auch auf Grund des plausibleren theoretischen Ansatzes (Ununterscheidbarkeit der Teilchen) zu erwarten ist. Im Gegensatz zur BOSE-Statistik muß die FERMI-Statistik überall dort angewendet werden, wo das PAULI-Verbot gilt, d. h. bei allen Teilchen mit halbzahligem Spin. Solche Teilchen (z. B. Elektronen) nennt man deshalb Fermionen und alle anderen Teilchen (also solche mit ganzzahligem Spin) Bosonen, da sie den Gesetzen der BOSE-Statistik unterliegen (z. B. α-Teilchen).

8. Sättigungsstrom- und Anlaufstromgesetz

8.1. Sättigungsstromgesetz

Wenn n die Anzahl der Elektronen in der Volumeneinheit bezeichnet, die sich mit der Geschwindigkeit v_z in z-Richtung bewegen, so wird in der Zeit Δt durch eine dazu senkrechte Fläche A (vgl. Abb. 8.1) die Ladung $\Delta Q = -n v_z A e \Delta t$ transportiert, d. h., die Bewegung dieser Elektronen entspricht einem Strom vom Betrag

$$I = \left|\frac{\Delta Q}{\Delta t}\right| = n v_z A e. \tag{8.1}$$

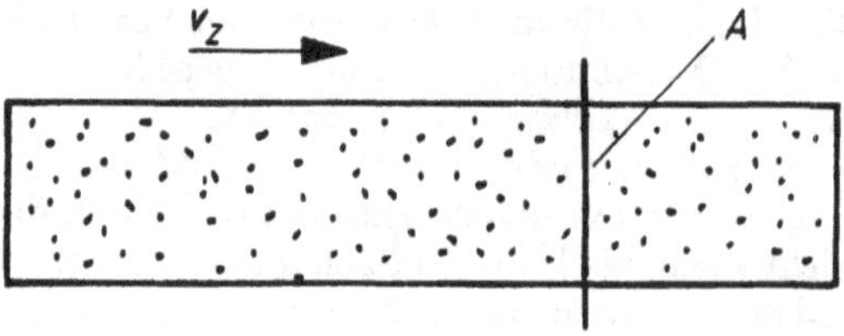

Abb. 8.1. Zur Berechnung des Stromes bewegter Elektronen

Für Elektronen mit einer Geschwindigkeitsverteilung folgt damit, wenn $\mathrm{d}n$ die Anzahl der Elektronen in der Volumeneinheit bezeichnet, deren Geschwindigkeitskomponenten in die Intervalle

$$(v_x \ldots v_x + \mathrm{d}v_x);\ (v_y \ldots v_y + \mathrm{d}v_y);\ (v_z \ldots v_z + \mathrm{d}v_z)$$

fallen,

$$I = \iiint v_z A e \,\mathrm{d}n. \tag{8.2}$$

Für die Geschwindigkeitsverteilung der Elektronen im Metall haben wir die FERMI-Statistik zugrunde zu legen, da Elektronen den Spin $^1/_2$ besitzen, also zu den Fermionen zählen. Betrachten wir von diesen nur die Leitungselektronen, d. h. die im Metallverband beweglichen äußeren Elektronen der Metallatome (nur diese kommen ja infolge ihrer geringen Bindungsenergie für die Emission in Frage), so können wir die für kräftefreie Teilchen abgeleitete Gleichung (7.54) verwenden. Dabei wird oft die Elektronenmasse m durch eine effektive Masse m^* ersetzt, um die doch vorhandenen geringen Wechselwirkungen mit den Atomrümpfen pauschal zu berücksichtigen. Beachten wir noch, daß jeder der im vorigen Abschnitt berechneten Zustände von zwei Elektronen (die dann antiparallele Spins besitzen müssen) belegt werden kann, so folgt aus Gl. (7.54) mit $E = {}^1/_2\, m \times (v_x^2 + v_y^2 + v_z^2)$

$$\mathrm{d}n = \frac{\mathrm{d}N}{V} = \frac{2\,\frac{m^3}{h^3}\,\mathrm{d}v_x\,\mathrm{d}v_y\,\mathrm{d}v_z}{\exp\left[\frac{m}{2kT}\,(v_x^2 + v_y^2 + v_z^2) - \frac{E_F}{kT}\right] + 1}. \tag{8.3}$$

Damit die Elektronen aus dem Metallverband austreten können, müssen sie eine Mindestenergie E_M besitzen (vgl. Abb. 8.2), d. h., wenn wir ebene Verhältnisse voraussetzen und die zur Oberfläche senkrechte Richtung als z-Achse wählen, können nur Elektronen mit

$$v_z \geqq \sqrt{\frac{2\,E_M}{m}} \tag{8.4}$$

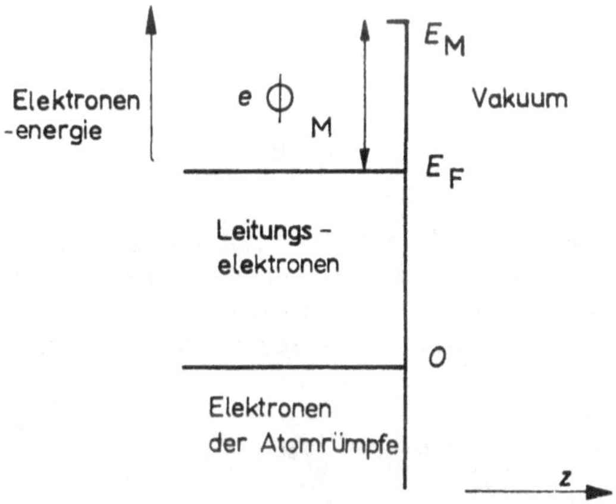

Abb. 8.2. Zur Definition der Austrittsarbeit $e\Phi_M$
E_F ist die FERMIsche Grenzenergie und E_M die Mindestenergie, die ein Elektron besitzen muß, um aus dem Metall austreten zu können

das Metall verlassen. Wie wir noch sehen werden, ist in guter Näherung die Ungleichung

$$E_M - E_F \gg kT \tag{8.5}$$

erfüllt, so daß aus Gl. (8.3) und Gl. (8.2)

$$I_s = 2\frac{eAm^3}{h^3}\exp\left(\frac{E_F}{kT}\right)\int\limits_{-\infty}^{\infty}\int\limits_{-\infty}^{\infty}\int\limits_{\sqrt{\frac{2E_M}{m}}}^{\infty} v_z \times$$

$$\times \exp\left[-\frac{m}{2kT}(v_x^2 + v_y^2 + v_z^2)\right]\mathrm{d}v_x\mathrm{d}v_y\mathrm{d}v_z \tag{8.6}$$

folgt. Nach Ausführung der Integrationen ergibt sich für die Stromdichte

$$J_s = \frac{I_s}{A} = \frac{4\pi mk^2e}{h^3}T^2\exp\left(-\frac{E_M - E_F}{kT}\right) =$$

$$= CT^2\exp\left(-\frac{E_M - E_F}{kT}\right) \tag{8.7}$$

mit

$$C = 120{,}4 \cdot 10^4\,\frac{\mathrm{A}}{\mathrm{m^2\,grd^2}}. \tag{8.8}$$

Die Beziehung (8.7) wird als RICHARDSON-Gleichung bezeichnet und gibt, da wir angenommen haben, daß keine Elektronen zum Metall zurückkehren [vgl. die untere Integrationsgrenze in Gl. (8.6)], die Sättigungsstromdichte des Metalls bei der Temperatur T.

Die Größe

$$e\Phi_M = (E_M - E_F) \tag{8.9}$$

wird als Austrittsarbeit bezeichnet. In Tab. 8.1 sind mittlere Meßwerte für einige Katodenmaterialien zusammengestellt.

Tabelle 8.1. Mittlere Meßwerte für einige Katodenmaterialien

	Reines Wolfram	Wolfram + Thoriumfilm	Bariumoxid + Bariumfilm
$\frac{1}{e} E_F$ [V]	5,8	–	–
$\frac{1}{e} E_M$ [V]	10,3	–	–
Φ_M [V]	4,5	2,6 ··· 2,9	0,9
$C\left[\frac{\mathrm{A}}{\mathrm{m}^2\,\mathrm{grd}^2}\right]$	$60 \cdot 10^4$	$3 \cdot 10^4 \cdots 15 \cdot 10^4$	$0{,}02 \cdot 10^4$
$J_S\left[\frac{\mathrm{A}}{\mathrm{m}^2}\right]$	$0{,}05 \cdot 10^4$	$1 \cdot 10^4$	$5 \cdot 10^4$
T[°K]	2300	1600	1200

Wir ersehen daraus zunächst, daß $e\Phi_M = E_M - E_F$ tatsächlich groß gegen kT ist, und damit die Berechtigung der Beziehung (8.5). Außerdem erkennen wir aber, daß C nicht konstant und teilweise wesentlich kleiner als der durch Gl. (8.8) gegebene Wert ist. Zur Deutung dieses Sachverhaltes fragen wir zunächst nach den physikalischen Ursachen der Austrittsarbeit Φ_M. Ein Teil rührt sicher von der sogenannten Bildkraft her, d. h. der Anziehungskraft, die eine Ladung vor einer leitenden Fläche infolge der Influenzwirkung erfährt. Auf Grund des Coulombschen Gesetzes zwischen der Ladung und ihrem Spiegelbild ergibt sich für die Bildkraft eines Elektrons im Abstand z vor der Oberfläche

$$F_z = -\frac{e^2}{4\pi\varepsilon_v(2z)^2}, \tag{8.10}$$

d. h., um das Elektron vollends ins Unendliche zu bringen, muß man die Arbeit $e^2/16\pi\varepsilon_v z$ aufwenden. Natürlich gilt eine derartige Betrachtung nur für Entfernungen, die groß sind gegen die Atomabstände im Metall. Für $z = 5$ Å ergibt sich damit beispielsweise ein Beitrag der

Bildkraft zur Austrittsarbeit von etwa 0,7 eV, also ein Wert, der zwar in der richtigen Größenordnung liegt, aber erkennen läßt, daß der Hauptteil von Gebieten herrührt ($z < 5$ Å), für die Gl. (8.10) nicht mehr gilt. Eine endgültige Klärung dieser Frage steht zur Zeit noch aus, so daß sich also auch keine quantitativen Aussagen über die Temperaturabhängigkeit von Φ_M machen lassen. Eine solche Temperaturabhängigkeit könnte aber gerade noch die gefundenen Abweichungen der Konstanten C vom theoretischen Wert [Gl. (8.8)] erklären. Setzen wir nämlich

$$\Phi_M = \Phi_0 + a\,T \tag{8.11}$$

an, wobei a der Temperaturkoeffizient von Φ_M ist, so folgt aus Gl. (8.7)

$$\begin{aligned} J_s &= C\,T^2 \exp\left(-\frac{e\,a}{k}\right) \exp\left(-\frac{e\Phi_0}{kT}\right) = \\ &= C'\,T^2 \exp\left(-\frac{e\,\Phi_0}{kT}\right). \end{aligned} \tag{8.12}$$

Für $a > 0$ kann also C' beträchtlich kleiner sein als C, und zwar ergibt sich beispielsweise für $a = 10^{-4}$ V grd^{-1}

$$C' = \frac{1}{3}\,C\,. \tag{8.13}$$

Da für Oxidkatoden a sicher größer ist als für Reinmetallkatoden, lassen sich damit zwangslos die in Tab. 8.1 dargestellten experimentellen Befunde deuten. Unter diesem Gesichtspunkt wird man also für das Sättigungsstromgesetz in jedem Fall

$$J_s = 120{,}4 \cdot 10^4\, T^2 \exp\left(-\frac{e\,\Phi_M}{kT}\right) \tag{8.14}$$

schreiben und entsprechende Austrittsarbeiten aus dem gemessenen J_s ableiten. In Tab. 8.2 ist für eine Sättigungsstromdichte von 10^4 A/m^2 der Zusammenhang zwischen der Austrittsarbeit Φ_M und der Temperatur T angegeben.

Tabelle 8.2. **Zusammenhang zwischen der Austrittsarbeit Φ_M und der Temperatur T für eine Sättigungsstromdichte von 10^4 A/m^2**

T[°K]	700	900	1100	1300	1600	2000	2800
Φ_M[V]	1,08	1,43	1,78	2,14	2,70	3,44	4,98

Eine andere Möglichkeit zur Deutung der experimentellen Resultate ergibt sich aus der quantenmechanischen Behandlung des Emissionsvorganges. Hierfür ist allerdings Voraussetzung, daß sich die Elektronenenergie an der Oberfläche sprunghaft ändert, wie es z. B. in Abb. 8.2 dargestellt wurde:

Indem wir den Sättigungsstrom entsprechend Gl. (8.6) ansetzten, nahmen wir an, daß jedes Elektron, das mit einer Geschwindigkeit größer als $\sqrt{2E_M/m}$ gegen die Metalloberfläche anläuft, auch durch die Oberfläche hindurchtritt. Aus diesem Grund konnten wir auch in Gl. (8.2) die Werte von v_z und dn im Metallinneren einsetzen. Die Wellenfunktion der Elektronen im Metallinneren mit Geschwindigkeitskomponenten $\pm v_z$ ergibt sich zu [vgl. Gln. (7.11) und (7.12)]

$$\psi(z) = a_1 \exp\left(j \frac{m}{\hbar} v_z z\right) + a_2 \exp\left(-j \frac{m}{\hbar} v_z z\right) \quad (8.15)$$

und analog die Wellenfunktion der Elektronen, deren z-Komponente der Geschwindigkeit nach dem Austritt v_0 ist (da wir den Sättigungsstrom betrachteten, gibt es keine rücklaufenden Elektronen):

$$\psi_a(z) = a_3 \exp\left(j \frac{m}{\hbar} v_0 z\right), \quad (8.16)$$

wobei die a_1, a_2 und a_3 Konstanten darstellen.

Legen wir die Metalloberfläche an die Stelle $z = 0$, so muß also gelten

$$\left.\begin{aligned} \psi\,(z = 0) &= \psi_\mathrm{a}\,(z = 0)\,, \\ \left(\frac{\mathrm{d}\psi}{\mathrm{d}z}\right)_{z=0} &= \left(\frac{\mathrm{d}\psi_\mathrm{a}}{\mathrm{d}z}\right)_{z=0}, \end{aligned}\right\} \tag{8.17}$$

und damit folgt

$$\frac{a_3}{a_1} = \frac{2v_z}{v_z + v_0}. \tag{8.18}$$

Da $\psi^*(\boldsymbol{r})\,\psi(\boldsymbol{r})\,\mathrm{d}\tau$ die Wahrscheinlichkeit darstellt, das Teilchen, das durch die Wellenfunktion $\psi(\boldsymbol{r})$ beschriebeu wird, im Volumenelement $\mathrm{d}\tau$ an der Stelle $\boldsymbol{r}$ zu finden (vgl. Abschnitt 7.1.), gilt

$$\left|\frac{a_3}{a_1}\right|^2 = \frac{\mathrm{d}n_\mathrm{a}}{\mathrm{d}n}, \tag{8.19}$$

wobei $\mathrm{d}n$ bzw. $\mathrm{d}n_\mathrm{a}$ die Anzahl der Elektronen in der Volumeneinheit ist, die sich im Metall bzw. außerhalb *nach rechts* mit Geschwindigkeiten zwischen v_z und $v_z + \mathrm{d}v_z$ bzw. v_0 und $v_0 + \mathrm{d}v_0$ bewegen. Für den Sättigungsstrom ergibt sich also aus Gl. (8.2)

$$\begin{aligned} I_\mathrm{s} &= e A \iiint v_0\,\mathrm{d}n_\mathrm{a} \\ &= e A \iiint \left(\left|\frac{a_3}{a_1}\right|^2 \frac{v_0}{v_z}\right) v_z \mathrm{d}n\,, \end{aligned} \tag{8.20}$$

d. h. die alte Gleichung (8.6), aber mit einem Korrektionsfaktor

$$\left|\frac{a_3}{a_1}\right|^2 \frac{v_0}{v_z} = \frac{4v_z v_0}{(v_z + v_0)^2} = \frac{4v_z\sqrt{v_z^2 - \dfrac{2}{m}E_\mathrm{M}}}{\left(v_z + \sqrt{v_z^2 - \dfrac{2}{m}E_\mathrm{M}}\right)^2}, \tag{8.21}$$

wobei v_0 auf Grund des Energiesatzes (vgl. Abb. 8.2)

$$\frac{m}{2} v_0^2 + E_M = \frac{m}{2} v_z^2 \tag{8.22}$$

ersetzt wurde. Die Integration der Gleichung (8.6) mit diesem Korrektionsfaktor, die numerisch durchgeführt werden muß, liefert dann beispielsweise für Wolfram eine Konstante C in der Nähe des Meßwertes (vgl. Tab. 8.1).

Wir müssen aber ausdrücklich darauf hinweisen, daß dieses Resultat nur für eine sprunghafte Änderung der Elektronenenergie in der Oberfläche gilt und daß bei Annahme einer stetigen Änderung (wie sie etwa durch die Bildkraft gegeben wird) die Korrektion nicht zur Deutung der experimentellen Resultate ausreicht.

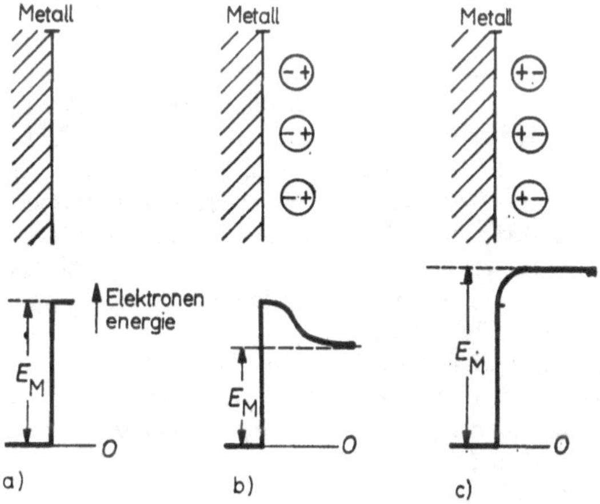

Abb. 8.3. Zur Abhängigkeit der Austrittsarbeit von Fremdatomen
a) reine Metalloberfläche; *b)* Erniedrigung (z. B. bei einigen Metallfilmkatoden); *c)* Erhöhung (z. B. durch Anlagerung von Sauerstoff)

Die Abhängigkeit der Austrittsarbeit von der Oberflächenbeschaffenheit (vgl. Tab. 8.1) läßt sich in einigen Fällen dadurch erklären, daß die Fremdatome an der Oberfläche polarisiert werden und damit Dipole bilden, die den Potentialverlauf je nach ihrer Orientierung in der einen oder anderen Weise beeinflussen (vgl. Abb. 8.3). Zur Erklärung der besonders niedrigen Austrittsarbeit von Oxidkatoden genügt aber diese anschauliche Erklärung nicht, da die Oxidschichten als Halbleiter wirken. Auf die damit zusammenhängenden interessanten physikalischen Probleme können wir hier aus Raumgründen nicht näher eingehen und verweisen auf die Literatur ([Z 1], [H 1]).

8.2. Anlaufstromgesetz

Der im vorigen Abschnitt berechnete Sättigungsstrom fließt nur dann, wenn die Anode eine so hohe positive Spannung besitzt, daß alle von der Katode emittierten Elektronen zur Anode gelangen. Aber auch wenn die Anode negativ gegen die Katode vorgespannt ist, fließt noch ein Elektronenstrom zur Anode, da die Elektronen ja eine Geschwindigkeitsverteilung besitzen, so daß stets ein gewisser Bruchteil der emittierten Elektronen auch diese „zusätzliche Austrittsarbeit" überwinden kann. Bezeichnen wir wie stets mit e den Betrag der Ladung eines Elektrons, so ergibt sich das in Abb. 8.4 dargestellte Bild für die Elektronenenergie.

An Stelle der erforderlichen Mindestenergie für eine Emission aus der Katode [vgl. Gl. (8.4)] haben wir also jetzt E_M durch $E_F - eU_a + e\Phi_{Ma}$ zu ersetzen und erhalten analog zu Gl. (8.7)

$$J_a = CT^2 \exp\left(-\frac{-eU_a + e\Phi_{Ma}}{kT}\right) \qquad (8.23)$$

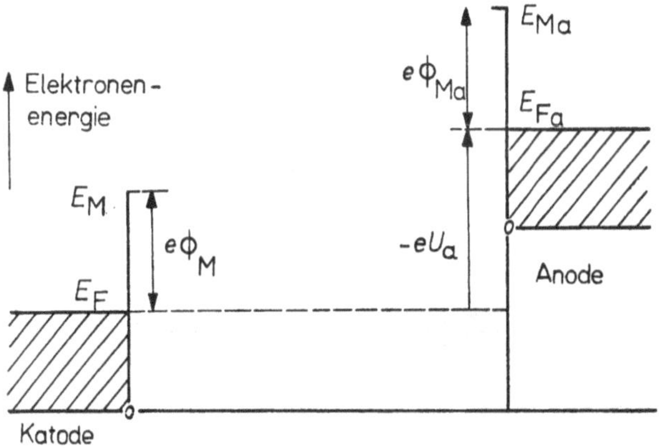

Abb. 8.4. Schematische Darstellung der Elektronenenergien in einer Diode mit der Anodenspannung U_a
Für $U_a = 0$ müssen die beiden FERMIschen Grenzenergien gleich sein

oder nach Einführung der Sättigungsstromdichte [Gln. (8.7) und (8.9)] und Multiplikation beider Seiten mit dem Querschnitt A

$$I_a = I_s \exp\left(-\frac{-e\,U_a + e\,(\Phi_{Ma} - \Phi_M)}{kT}\right). \qquad (8.24)$$

Diese Beziehung wird als Anlaufstromgesetz bezeichnet. Sie gilt für

$$-U_a + (\Phi_{Ma} - \Phi_M) \geqq 0 \qquad (8.25)$$

und ebenso wie das Sättigungsstromgesetz streng nur für ebene Verhältnisse. Die Differenz $\Phi_{Ma} - \Phi_M$ der Austrittspotentiale des Anoden- und Katodenmaterials wird als Kontaktpotential bezeichnet. Dieses Kontaktpotential ist im allgemeinen eine positive Größe, da man für die Katode Materialien mit kleinen Austrittsarbeiten wählt. Mißt man den Anlaufstrom I_a als Funktion der Anodenspannung U_a und trägt $\ln I_a$ über U_a auf, so erhält man eine Gerade, die bei $U_a = \Phi_{Ma} - \Phi_M$ in den Sättigungsstrom übergeht und deren Steigung e/kT ist (vgl. Abb. 8.5).

Man kann also aus dem Knickpunkt sowohl das Kontaktpotential als auch den Sättigungsstrom und aus der Steigung der Geraden (allerdings nur mit mäßiger Genauigkeit) die Katodentemperatur bestimmen.

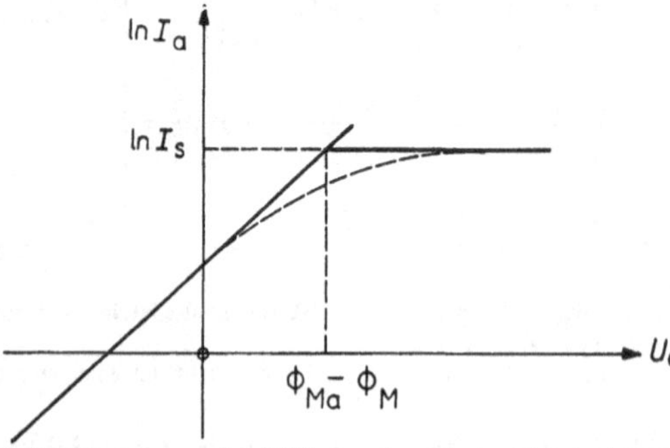

Abb. 8.5. **Zur Bestimmung des Sättigungsstromes, der Katodentemperatur und des Kontaktpotentials**

Insbesondere bei höheren Katodentemperaturen ergibt sich kein Knickpunkt, sondern die in Abb. 8.5 gestrichelt gezeichnete Kurve (vgl. Abschnitt 9). Man ermittelt dann den Sättigungsstrom, den man bei Katoden mit hoher Emissionsfähigkeit stationär wegen der Röhrenüberlastung nicht einstellen kann, durch Extrapolation, nachdem das Kontaktpotential bei niedrigen Katodentemperaturen gemessen wurde.

Der differentielle Widerstand von Dioden im Anlaufstromgebiet ergibt sich aus Gl. (8.24) zu

$$R = \left(\frac{\mathrm{d}I_a}{\mathrm{d}U_a}\right)^{-1} = \frac{kT}{eI_a}, \tag{8.26}$$

woraus für $T \approx 1100\,°\mathrm{K}$

$$R \approx \frac{0{,}1}{I_a} \tag{8.27}$$

folgt, wenn man R in Ohm und I_a in Ampere einsetzt.

Dieselbe Beziehung gilt bei Trioden für die Gitter-Katoden-Strecke, sofern Gitterströme anderer Herkunft (Ionenströme bei ungenügendem Vakuum, Gitteremission infolge Belichtung, Erwärmung oder Röntgenbestrahlung des Gitters) vernachlässigbar sind. Als Gitterstromeinsatz bezeichnet man den Punkt in der Gitterstrom-Gitterspannungs-Kennlinie, bei dem 0,3 μA fließen. Das ist für moderne Röhren bei einer Gitterspannung von $-0{,}6 \cdots -1{,}3$ V der Fall, d. h., bei dieser Spannung beträgt der Eingangswiderstand etwa 300 kΩ. Es empfiehlt sich also, die Gitterspannung zu etwa -1 V zu wählen, damit der statische Eingangswiderstand $\gtrsim 500$ kΩ wird. Dies ist aber nicht nötig bei Breitbandverstärkern und Mikrowellenröhren, da bei den ersteren ohnehin nur mit geringen Außenwiderständen gearbeitet wird (Abschnitt 14) und bei Mikrowellenröhren infolge der Laufzeiteffekte usw. (vgl. Teil V, Abschnitt 28.4.) ohnehin schon kleine Eingangswiderstände vorhanden sind.

9. Das Raumladungsgesetz

Wir betrachten wie auch im vorigen Abschnitt eine ebene Diode vom Querschnitt A. Die Katode liege bei $z = 0$ und die Anode bei $z = z_a$. Als Nullpotential wählen wir das Potential an der Oberfläche der Katode, so daß sich für das Potential an der Oberfläche der Anode (vgl. Abb. 8.4)

$$-\frac{1}{e}\,(-e\Phi_M - e\,U_a + e\Phi_{Ma}) = U_a - (\Phi_{Ma} - \Phi_M) \quad (9.1)$$

ergibt.

Bei einem mittleren U_a erwarten wir dann qualitativ folgenden Verlauf des Potentials zwischen Katode und Anode: Ohne Elektronen, d. h. bei kalter Katode, ergibt sich wie beim einfachen Plattenkondensator eine Gerade (Abb. 9.1, Kurve *1*). Mit beginnender Emission biegt sich diese Gerade durch (Kurve *2*), da die Elektronen eine negative Raumladung bilden. Diesem neuen Potentialverlauf entspricht aber eine geringere elektrische Feldstärke in der Nähe der Katode, so daß die Elektronen dort

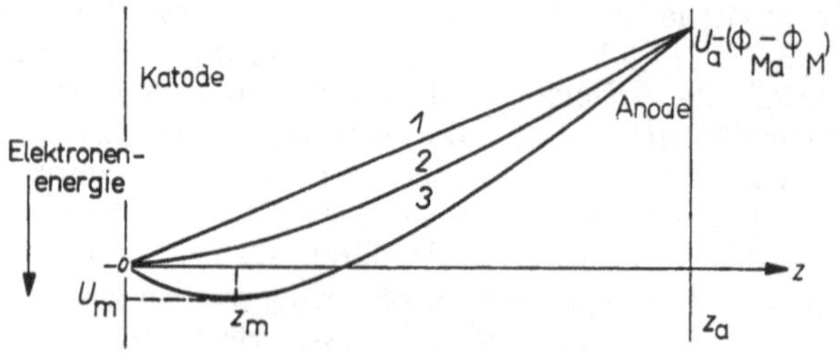

Abb. 9.1. Zur Entstehung des Potentialminimums
1 **Potentialverlauf ohne Raumladung;** *2* **bei geringer Raumladung;** *3* **im stationären Zustand**

langsamer laufen und damit die Raumladungsdichte vergrößern. Dadurch biegt sich die Kurve noch weiter durch, und es kommt schließlich zur Ausbildung eines Potentialminimums (Kurve *3*), d. h., die emittierten Elektronen stehen trotz positiver Anodenspannung für kleine z unter dem Einfluß eines elektrischen Gegenfeldes. Dieses Gegenfeld verhindert auch ein weiteres Anwachsen der Raumladungsdichte, da es die Nachlieferung von Elektronen, die dafür erforderlich wären, begrenzt.

Mit wachsendem Anodenpotential U_a wandert das Potentialminimum unter gleichzeitiger Verringerung seiner Tiefe ($U_m \to 0$) zur Katode, und im Grenzfall besitzt die Raumladung keinen Einfluß mehr auf den Anodenstrom, der dann durch das Sättigungsstromgesetz (vgl. Abschnitt 8) gegeben wird. Bei Verringerung des Anodenpotentials dagegen vertieft sich das Potentialminimum und wandert zur Anode. Hat es die Anode erreicht ($U_m = U_a$), so wird der Anodenstrom auch wieder unabhängig von der Raumladung, und es gilt das Anlaufstromgesetz (vgl. Abschnitt 8).

Die Strom-Spannungs-Kennlinie einer Diode zerfällt also im allgemeinen in die drei Gebiete Anlaufstrom-, Raumladungsstrom- und Sättigungsstromgebiet, wobei für geringe Emission (z. B. bei Unterheizung der Katode) der Anlaufstrom direkt in den Sättigungsstrom übergehen kann. Bei bekannter Größe des Potentialminimums U_m (beachte $U_m < 0$), läßt sich der Anodenstrom im Raumladungsgebiet leicht berechnen, da alle Elektronen, die das Potentialminimum überwinden (sog. Transelektronen) auch zur Anode gelangen. Wir haben also im Sättigungsstromgesetz die für eine Emission aus der Katode erforderliche Mindestenergie E_M einfach durch (vgl. Abb. 9.1) die Summe von E_M und $-e\,U_m$ zu ersetzen und erhalten [vgl. Gl. (8.7)]

$$I_a = C\,T^2 \exp\left(-\frac{E_M - e\,U_m - E_F}{k\,T}\right) = \\ = I_s \exp\left(\frac{e\,U_m}{k\,T}\right). \tag{9.2}$$

Da aber U_m und seine Abhängigkeit von der Anodenspannung zunächst nicht bekannt ist, läßt sich damit noch nichts über die Strom-Spannungs-Charakteristik aussagen.

Wir beginnen mit einigen Überlegungen zur Geschwindigkeitsverteilung der Elektronen. Wie im Abschnitt 8.1. gezeigt wurde, läßt sich die FERMIsche Geschwindigkeitsverteilung der Elektronen im Metall für diejenigen Elektronen, die emittiert werden, annähern durch die Beziehung [vgl. Gl. (8.3) ff.]

$$\mathrm{d}n = 2\,\frac{m^3}{h^3} \exp\left(\frac{E_F}{kT}\right) \exp\left(-\frac{m}{2\,k\,T}\,(v_x^2 + v_y^2 + v_z^2)\right) \times \\ \times\, \mathrm{d}v_x\,\mathrm{d}v_y\mathrm{d}v_z. \tag{9.3}$$

Damit ergibt sich für die Anzahl der Elektronen, die pro Sekunde aus der Flächeneinheit austreten und Geschwindigkeiten (im Metallinneren!) zwischen v_z und $v_z + \mathrm{d}v_z$ besitzen,

$$\mathrm{d}\nu_z = \int\limits_{v_x=-\infty}^{+\infty} \int\limits_{v_y=-\infty}^{+\infty} v_z \mathrm{d}n = \frac{4}{h^3} m^2 kT\pi \exp\left(\frac{E_\mathrm{F}}{kT}\right) \times$$
$$\times\, v_z \exp\left(-\frac{m}{2kT} v_z^2\right) \mathrm{d}v_z. \tag{9.4}$$

Wenn wir die z-Komponente der Geschwindigkeit unmittelbar nach dem Austritt mit v_0 bezeichnen, so folgt aus dem Energiesatz (vgl. Abb. 8.2)

$$\frac{m}{2} v_0^2 + E_\mathrm{M} = \frac{m}{2} v_z^2 \tag{9.5}$$

und Gl. (9.4) die Beziehung

$$\mathrm{d}\nu_z = \frac{2}{h^3} m^2 kT\pi \exp\left(\frac{E_\mathrm{F} - E_\mathrm{M}}{kT}\right) \exp\left(-\frac{m}{2kT} v_0^2\right) \mathrm{d}v_0^2 \tag{9.6}$$

oder nach Einführung des Sättigungsstromes [vgl. Gl. (8.7)]

$$\mathrm{d}\nu_z = \frac{m}{2eAkT} I_\mathrm{s} \exp\left(-\frac{m}{2kT} v_0^2\right) \mathrm{d}v_0^2 = C_0\, \mathrm{d}v_0^2 \tag{9.7}$$

mit $\quad C_0 = \frac{m}{2eAkT} I_\mathrm{s} \exp\left(-\frac{m}{2kT} v_0^2\right).$

Im Gebiet zwischen Katode und Potentialminimum $0 \leqq z \leqq z_\mathrm{m}$ (vgl. Abb. 9.1) bewegen sich Elektronen sowohl nach rechts als auch nach links, und zwar nach rechts alle Elektronen, für die

$$\frac{m}{2} v_0^2 \geqq -eU \tag{9.8}$$

ist, und nach links alle Elektronen, für die

$$-eU \leqq \frac{m}{2} v_0^2 \leqq -eU_m \qquad (9.10)$$

gilt, wobei U das Potential an der Stelle z ist. Damit folgt also für die Raumladungsdichte

$$\varrho = -e \int_{-C_0 \frac{2eU}{m}}^{\infty} \frac{dv_z}{\sqrt{v_0^2 + \frac{2e}{m} U}} - e \int_{-C_0 \frac{2eU}{m}}^{-C_0 \frac{2eU_m}{m}} \frac{dv_z}{\sqrt{v_0^2 + \frac{2e}{m} U}}, \qquad (9.11)$$

da die Wurzel im Nenner die Geschwindigkeit (der mit v_0 an der Katode startenden Elektronen) an der Stelle z ist, wie man leicht mit Hilfe des Energiesatzes beweisen kann. Als dritte grundlegende Beziehung neben den Gleichungen (9.7) und (9.11) verwenden wir die POISSONsche Gleichung [vgl. Gl. (11.29)]

$$\Delta U = -\frac{4\pi}{\varepsilon_V} \varrho, \qquad (9.12)$$

die in unserem Fall die einfachere Form

$$\frac{d^2 U}{dz^2} = -\frac{4\pi}{\varepsilon_V} \varrho \qquad (9.13)$$

annimmt. Multiplizieren wir diese Gleichung mit $2\, dU/dz$ und integrieren von $z = z_m$ bis z, so folgt für die linke Seite

$$\int_{z_m}^{z} 2 \frac{dU}{dz} \frac{d}{dz}\left(\frac{dU}{dz}\right) dz = \int_{z_m}^{z} \frac{d}{dz}\left(\frac{dU}{dz}\right)^2 dz =$$

$$= \left(\frac{dU}{dz}\right)_z^2 - \left(\frac{dU}{dz}\right)_{z_m}^2 = \left(\frac{dU}{dz}\right)_z^2 \qquad (9.14)$$

und für die rechte Seite

$$-\int_{z_m} \frac{8\pi}{\varepsilon_v} \varrho(z) \left(\frac{dU}{dz}\right) dz = -\frac{8\pi}{\varepsilon_v} \int_{U_m}^{U} \varrho \, dU, \quad (9.15)$$

also insgesamt

$$\left(\frac{dU}{dz}\right)^2 = -\frac{8\pi}{\varepsilon_v} \int_{U_m}^{U} \varrho \, dU. \quad (9.16)$$

In diese Beziehung setzen wir ϱ nach Gl. (9.11) unter Beachtung von Gl. (9.7) ein und erhalten

$$\left(\frac{dU}{dz}\right)^2 = \frac{4\pi m I_s}{\varepsilon_v A k T} \int_{U_m}^{U} \left\{ \int_{-\frac{2eU}{m}}^{\infty} \frac{\exp\left(-\frac{m}{2kT} v_0^2\right) d v_0^2}{\sqrt{v_0^2 + \frac{2e}{m} U}} + \right.$$

$$\left. + \int_{-\frac{2eU}{m}}^{-\frac{2eU_m}{m}} \frac{\exp\left(-\frac{m}{2kT} v_0^2\right) d v_0^2}{\sqrt{v_0^2 + \frac{2e}{m} U}} \right\} dU. \quad (9.17)$$

Die Integration über v_0^2 ist nach Einführung der neuen Variablen

$$w^2 = \frac{\frac{m}{2} v_0^2 + eU}{kT} \quad (9.18)$$

leicht ausführbar und ergibt

$$\left(\frac{\mathrm{d}U}{\mathrm{d}z}\right)^2 = \frac{8\pi^{3/2} I_s}{\varepsilon_V A \sqrt{\frac{2kT}{m}}} \int\limits_{U_m}^{U} \left\{1 + \Phi\left(\sqrt{\frac{e}{kT}}\,(U - U_m)\right)\right\} \times$$

$$\times \exp\left(\frac{eU}{kT}\right) \mathrm{d}U, \qquad (9.19)$$

wobei Φ das GAUSSsche Fehlerintegral

$$\Phi(t_0) = \frac{2}{\sqrt{\pi}} \int\limits_0^{t_0} \exp(-t^2)\,\mathrm{d}t \qquad (9.20)$$

ist. Führen wir noch die dimensionslose Größe

$$\eta = e\,\frac{U - U_m}{kT} \qquad (9.21)$$

ein, so ergibt sich durch partielle Integration von Gl. (9.19)

$$\left(\frac{\mathrm{d}U}{\mathrm{d}z}\right)^2 = \left(\frac{kT}{eL}\right)^2 \left[\exp(\eta) - 1 + \Phi(\sqrt{\eta}) \exp(\eta) - 2\sqrt{\frac{\eta}{\pi}}\right] \qquad (9.22)$$

mit

$$\frac{1}{L} = \sqrt{\frac{8\pi I_a}{\varepsilon_V A}} \sqrt[4]{\frac{\pi m e^2}{2(kT)^3}} \approx 9{,}186 \cdot 10^5\, T^{-3/4} \sqrt{\frac{I_a}{A}}, \qquad (9.23)$$

wobei I_s gemäß Gl. (9.2) ersetzt wurde und der Zahlenwert für I_a in A und A in m^2 gilt.

Im Gebiet zwischen Potentialminimum und Anode, $z_m \leqq z \leqq z_a$ (vgl. Abb. 9.1), bewegen sich die Elektronen nur nach rechts, und an Stelle von Gl. (9.11) gilt

$$\varrho = -e \int\limits_{-C_0 \frac{2e U_m}{m}}^{\infty} \frac{\mathrm{d}v_z}{\sqrt{v_0^2 + \frac{2e}{m} U}}, \tag{9.24}$$

woraus völlig analog zu Gl. (9.22) folgt

$$\left(\frac{\mathrm{d}U}{\mathrm{d}z}\right)^2 = \left(\frac{kT}{eL}\right)^2 \left[\exp(\eta) - 1 - \Phi\left(\sqrt{\eta}\right)\exp(\eta) + 2\sqrt{\frac{\eta}{\pi}}\right]. \tag{9.25}$$

Ersetzen wir auch z durch eine dimensionslose Größe,

$$\xi = \frac{z - z_m}{L}, \tag{9.26}$$

so ergibt sich aus den Gleichungen (9.22) und (9.25), wenn wir η auch auf der linken Seite einführen,

$$\left(\frac{\mathrm{d}\eta}{\mathrm{d}\xi}\right)^2 = \left(\exp(\eta) - 1 \pm \Phi\left(\sqrt{\eta}\right)\exp(\eta) \mp 2\sqrt{\frac{\eta}{\pi}}\right). \tag{9.27}$$

Das obere Vorzeichen gilt dabei für den Raum zwischen Katode und Potentialminimum ($\xi < 0$) und das untere für das Gebiet zwischen Potentialminimum und Anode ($\xi > 0$).

Diese Differentialgleichung ist nur numerisch lösbar. Die Resultate, d. h. Tabellen der zueinander gehörigen ξ- und η-Werte, finden sich in der neueren Literatur bei Mie [M 1]. Man kann diesen Zusammenhang näherungsweise auch durch Reihenentwicklungen darstellen, und zwar gilt für den Raum zwischen Katode und Potentialminimum ($\xi \leqq 0$)

$$-\xi = 2{,}55389 - \sqrt{2}\exp\left(-\frac{\eta}{2}\right) + 0{,}0123\exp(-\eta) - \\ - \frac{1}{3\sqrt{2}}\left(\sqrt{\frac{\eta}{\pi}} + 1\right)\exp\left(-\frac{3\eta}{2}\right) \tag{9.28}$$

und für den Raum zwischen Potentialminimum und Anode ($\xi \geqq 0$)

$$\xi = 1{,}25520\,\eta^{3/4} + 1{,}66854\,\eta^{1/4} - 0{,}50880 - \\ - 0{,}1677\,\eta^{-1/4} + 0{,}1441\,\eta^{-3/4} - 0{,}0145\,\eta^{-5/4} - \\ - 0{,}069\,\eta^{-7/4} + 0{,}036\,\eta^{-9/4} + 0{,}083\,\eta^{-11/4}. \tag{9.29}$$

Zur Bestimmung der Lage des Potentialminimums (z_m) setzen wir in Gl. (9.28) $z = 0$ und $U = 0$ ein (Katode) und erhalten

$$\frac{z_m}{L} \approx 2{,}55389 - \sqrt{2}\exp\left(\frac{e\,U_m}{2\,k\,T}\right) + \cdots \tag{9.30}$$

oder unter Berücksichtigung der Gleichungen (9.2) und (9.23):

$$z_m \approx \frac{T^{3/4}}{9{,}186 \cdot 10^5}\left(2{,}554\sqrt{\frac{A}{I_a}} - 1{,}414\sqrt{\frac{A}{I_s}}\right), \tag{9.31}$$

wobei die Ströme in A und die Längen in m einzusetzen sind.

Mit den Gleichungen (9.2) und (9.31) können wir also die Größe und die Lage des Potentialminimums bei bekanntem T (Katodentemperatur), A (Querschnitt), I_a (Anodenstrom) und I_s (Sättigungsstrom) berechnen.

Die Strom-Spannungs-Charakteristik, also den Zusammenhang zwischen Anodenspannung U_a und Anodenstrom I_a, erhalten wir aus Gl. (9.29), wenn wir dort

$z = z_a$ und $U = U_a - (\Phi_{Ma} - \Phi_M)$, d. h. die Werte an der Anode (vgl. Abb. 9.1), einsetzen. Es ergibt sich [vgl. die Gln. (9.21), (9.29) und (9.23)]

$$(z_a - z_m) \cdot 9{,}186 \cdot 10^5\, T^{-3/4} \sqrt{\frac{I_a}{A}} \approx 1{,}25520 \times \\ \times \left(e\,\frac{U_a - (\Phi_{Ma} - \Phi_M) - U_m}{kT}\right)^{3/4} + 1{,}66854 \times \\ \times \left(e\,\frac{U_a - (\Phi_{Ma} - \Phi_M) - U_m}{kT}\right)^{1/4} - \cdots \qquad (9.32)$$

oder

$$I_a \approx 2{,}33 \cdot 10^{-6}\, A\, \frac{(U_a - (\Phi_{Ma} - \Phi_M) - U_m)^{3/2}}{(z_a - z_m)^2} \times \\ \times \left(1 + 2{,}66 \sqrt{\frac{kT/e}{U_a - (\Phi_{Ma} - \Phi_M) - U_m}}\right). \qquad (9.33)$$

Dies ist das sogenannte Raumladungsgesetz oder „$U^{3/2}$-Gesetz". Unter den Voraussetzungen, daß die Anoden-

Tabelle 9.1. Technische Daten einer modernen (Doppel-) Diode
Doppeldiode E A A 91 (6,3 V Heizspannung, 0,3 A Heizstrom)

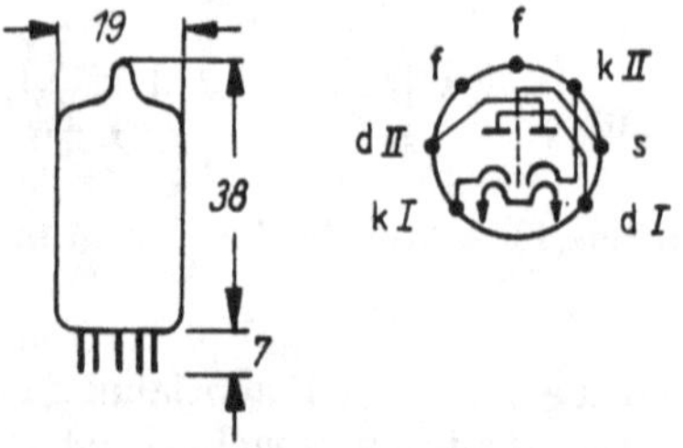

Kapazitäten (je System):
gemessen mit einer äußeren Abschirmung 25 mm hoch, 19 mm Dmr.
$C_{a/k+f+s}$ = 2,2 pF Anode – (Katode + Faden + innere Abschirmung)
$C_{k/a+f+s}$ = 3,4 pF Katode – (Anode + Faden + innere Abschirmung)
$C_{a/a}$ = 0,026 pF Anode 1 – Anode 2

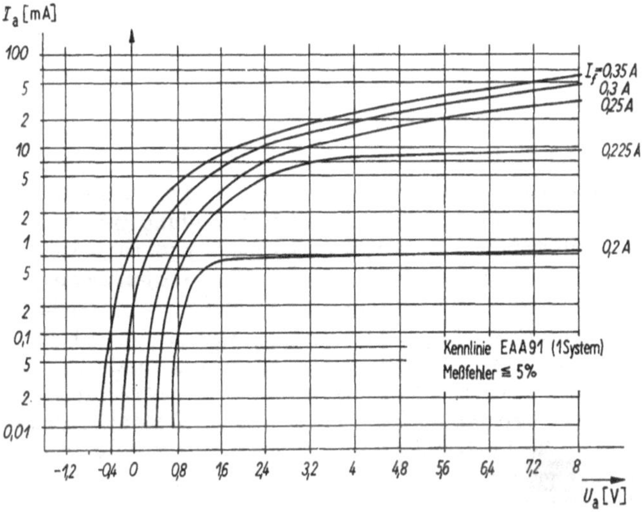

Grenzwerte (je System):

$U_{a\,max}$	$= -420$ V	negative Spitzenspannung
$\bar{I}_{a\,max}$	= 9 mA	mittlerer Gleichstrom
$I_{a\,max}$	= 54 mA	Spitzenstrom
$P_{a\,max}$	= 0,5 W	Anodenbelastung (= $(\bar{U}_a \bar{I}_a)_{max}$ = Anodenverlustleistung + Wechselstromleistung)
$U_{f^+k^-\,max}$	= 150 V	Spannung zwischen Faden und Katode
$U_{f^-/k^+\,max}$	= 330 V	
max	= 700 MHz	Grenzfrequenz
U_{ae}	$= -1{,}3$ V	Anodenstromeinsatz (für $U_a < U_{ae}$ ist $I_a \leqq 0{,}3\,\mu$A)
$R_{f/k\,max}$	= 20 kΩ	äußerer Widerstand zwischen Faden und Katode (infolge unkontrollierter Ströme zwischen Faden und Katode entsteht ein Spannungsabfall, der ohne ein genügend kleines $R_{f/k}$ die Anodenspannung beeinflußt)

spannung U_a groß ist gegen das Kontaktpotential $\Phi_{Ma} - \Phi_M$, das Potentialminimum $|U_m|$ und die Temperaturspannung kT/e der Katode sowie daß $z_a \gg z_m$

gilt, erhält man die einfache Form

$$I_a \approx K U_a^{3/2} \tag{9.34}$$

mit

$$K = 2{,}33 \cdot 10^{-6} \frac{A}{z_a^2}.$$

Wenn dagegen die genannten Ungleichungen nicht erfüllt sind, also beim Übergang vom Raumladungsgebiet zum Anlaufstromgebiet (dies ist vor allem bei modernen Röhren mit kleinem z_a der Fall), dann ist diese Lösung schlecht, da auf der rechten Seite noch Größen berücksichtigt werden müssen (z_m, U_m), die selbst vom Anodenstrom I_a abhängen. Für den Grenzfall $U_a = U_m$ und $z_a = z_m$ (Beginn des Anlaufstromgebietes) wird die rechte Seite sogar unbestimmt. Eine Diskussion der Lösungen (9.28) und (9.29) im Hinblick auf diese Problematik findet sich in der genannten Arbeit von Mie. In Tab. 9.1 sind die technischen Daten und die Anodenstrom-Anodenspannungs-Kennlinien einer modernen (Doppel-)-Diode dargestellt.

10. Triode

Der Anodenstrom I_a einer Triode hängt sowohl von der Gitterspannung U_g als auch der Anodenspannung U_a ab. Es gilt also allgemein

$$I_a = f(U_g, U_a) \tag{10.1}$$

und, wenn wir entwickeln,

$$\begin{aligned} I_a &= f(U_{g0}, U_{a0}) + \left(\frac{\partial I_a}{\partial U_g}\right)_{U_a} \Delta U_g + \left(\frac{\partial I_a}{\partial U_a}\right)_{U_g} \Delta U_a + \cdots \\ &= I_{a0} + S \Delta U_g + \frac{1}{R_i} \Delta U_a + \cdots, \end{aligned} \tag{10.2}$$

wobei

$$S = \left(\frac{\partial I_a}{\partial U_g}\right)_{U_a} \tag{10.3}$$

als Steilheit der Röhre (etwa 1 ··· 30 mA/V) und

$$R_i = \left(\frac{\partial U_a}{\partial I_a}\right)_{U_g} \qquad (10.4)$$

als Innenwiderstand der Röhre (etwa $10^4 \cdots 10^5\,\Omega$) bezeichnet wird. Außerdem definieren wir noch

$$D = -\left(\frac{\partial U_g}{\partial U_a}\right)_{I_a} \qquad (10.5)$$

als Durchgriff der Röhre (etwa 1 bis 50%) und erhalten auf Grund dieser Definitionen die sogenannte BARKHAUSENsche Röhrenformel

$$R_i S D = 1 . \qquad (10.6)$$

Es ergibt sich nun die Frage, wie man die Funktion $I_a = f(U_g, U_a)$ berechnen kann. Zu diesem Zweck werden wir versuchen, die Triode durch eine Diode zu ersetzen, deren Anode an der Stelle des Gitters der Triode liegt. Die Anodenspannung, die diese Ersatzdiode haben muß, damit die elektrischen Felder im Gebiet zwischen Katode und Gitter bzw. Ersatzanode und somit auch die Anodenströme gleich sind, heißt die Äquivalentspannung, und unsere weiteren Betrachtungen laufen also auf eine Berechnung dieser Größe hinaus.

Zur Diskussion der elektrischen Feldstärke im Gebiet zwischen Katode und Gitter bzw. Ersatzanode verwenden wir die MAXWELLsche Gleichung

$$\oint\!\!\oint \boldsymbol{E}\,\mathrm{d}\boldsymbol{s} = \frac{4\pi}{\varepsilon_v} Q , \qquad (10.7)$$

wobei die Fläche $\oint\!\!\oint \mathrm{d}s$ die Katode symmetrisch umschließen soll.

Wenn man den Einfluß der Gitter*struktur* auf das elektrische Feld vernachlässigen kann (das ist um so besser erfüllt, je dünner die Gitterstäbe sind und je dichter sie beieinanderliegen, d. h. für die sogenannte ideale Triode), dann folgt aus der Gleichheit von Q für die Triode und die Ersatzdiode nicht nur die Gleichheit der Integrale $\oiint \boldsymbol{E}\,\mathrm{d}\boldsymbol{s}$, sondern auch die Gleichheit der elektrischen Felder.

Die Ladung Q besteht einerseits aus der Ladung Q_k der Katode und der Raumladung Q_R des Gebietes zwischen der Katode und der Fläche $\oiint \mathrm{d}s$. Vernachlässigen wir für das Weitere die Raumladung Q_R, so haben wir also als Bedingung für die Gleichheit der elektrischen Felder

$$Q_{k\,\mathrm{Triode}} = Q_{k\,\mathrm{Ersatzdiode}} \tag{10.8}$$

oder

$$C_{gk} U_g + C_{ak} U_a = C\, U_{äqu}. \tag{10.9}$$

$U_{äqu}$ ist dabei die Äquivalentspannung, C die Kapazität der Ersatzdiode und C_{gk} bzw. C_{ak} die Gitter-Katoden- bzw. Anoden-Katoden-Kapazität der Triode. C und C_{gk} sind natürlich voneinander verschieden, da C durch zwei Vollelektroden (Katode und Ersatzanode) und C_{gk} durch eine Vollelektrode (Katode) und ein Gitter gebildet wird. Zur Berechnung der Kapazität C führen wir die sogenannte störungslose Gitterspannung U_{g0} ein, deren Bedeutung wir an einer idealen ebenen Triode erläutern: In Abb. 10.1 zeigt die Kurve *1* den Potentialverlauf ohne Gitter und die Kurve *2* bzw. *3* den Potentialverlauf mit einem stark bzw. schwach positiv vorgespannten Gitter. Dazwischen wird es also offensichtlich eine Gitterspannung U_{g0} geben, für die der Potentialverlauf mit dem ohne Gitter (Kurve *1*) zusammenfällt. Aus der Bedingung, daß dann auf dem Gitter keine elektrischen Ladungen sitzen dürfen, d. h.

$$0 = C_{gk} U_{g0} + C_{ga} (U_{g0} - U_a), \tag{10.10}$$

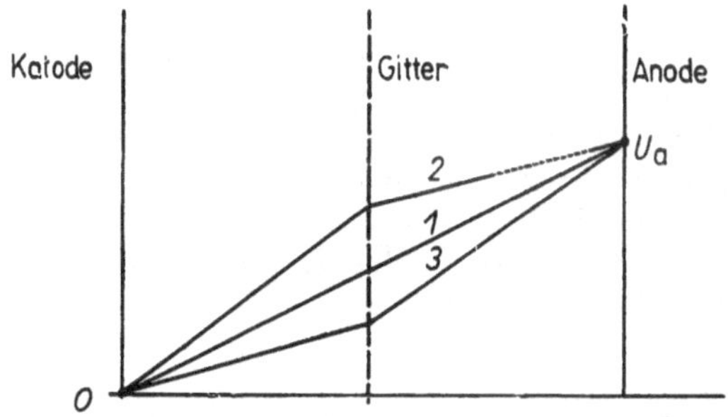

Abb. 10.1. Potentialverlauf in einer ebenen idealen Triode unter Vernachlässigung der Raumladung
1 ohne Gitter; *2* bzw. *3* mit stark bzw. schwach positiv vorgespanntem Gitter

folgt für die störungslose Gitterspannung

$$U_{g0} = \frac{U_a}{1 + \frac{C_{gk}}{C_{ga}}}. \tag{10.11}$$

Andererseits muß auf Grund der Definition die Äquivalentspannung für eine Triode, deren Gitterspannung U_{g0} ist, mit U_{g0} übereinstimmen, d. h., aus Gl. (10.9) folgt

$$C_{gk} U_{g0} + C_{ak} U_a = C U_{g0} \tag{10.12}$$

oder, wenn wir U_{g0} nach Gl. (10.11) einsetzen und nach C auflösen,

$$C = C_{gk} + C_{ak} \left(1 + \frac{C_{gk}}{C_{ga}}\right). \tag{10.13}$$

Unter Beachtung dieser Gleichung ergibt sich aus Gl. (10.9) für die Äquivalentspannung

$$U_{\ddot{a}qu} = \frac{U_g + \frac{C_{ak}}{C_{gk}} U_a}{1 + \frac{C_{ak}}{C_{gk}} + \frac{C_{ak}}{C_{ga}}}. \tag{10.14}$$

Eine Triode mit der Anodenspannung U_a und der Gitterspannung U_g besitzt also im Gitter-Katoden-Raum unter Vernachlässigung der Raumladung und der Gitterstruktur (ideale Triode) dasselbe Feld wie eine Diode, deren Anode an der Stelle des Gitters liegt und deren Anodenspannung durch Gl. (10.14) gegeben wird.

Für den Anodenstrom der Triode können wir damit näherungsweise [vgl. Gl. (9.34)]

$$I_a = K_{\text{Ersatzdiode}} \left(\frac{1}{1 + \frac{C_{ak}}{C_{gk}} + \frac{C_{ak}}{C_{ga}}} \right)^{3/2} \left(U_g + \frac{C_{ak}}{C_{gk}} U_a \right)^{3/2} \tag{10.15}$$

schreiben und erhalten [vgl. die Gln. (10.3), (10.5) und (10.6)]

$$S = \frac{3}{2} K_{\text{Ersatzdiode}} \left(\frac{1}{1 + \frac{C_{ak}}{C_{gk}} + \frac{C_{ak}}{C_{ga}}} \right)^{3/2} \left(U_g + \frac{C_{ak}}{C_{gk}} U_a \right)^{1/2}, \tag{10.16}$$

$$D = \frac{C_{ak}}{C_{gk}}, \tag{10.17}$$

$$R_i = \frac{1}{SD}. \tag{10.18}$$

Diese Beziehungen gelten aber nur unter den obigen Voraussetzungen und stellen demzufolge nur eine erste grobe Näherung dar.

Bei Berücksichtigung der Raumladung kommt man zu einer Beziehung für die Äquivalentspannung, die analog zu Gl. (10.14) in der Form

$$U_{\ddot{a}qu} = \sigma (U_g + D U_a) \tag{10.19}$$

geschrieben werden kann, wobei σ die sogenannte Steuerschärfe ist, die für gewöhnliche Trioden Werte zwischen

0,8 und 0,9 annimmt. Der Ausdruck $U_g + D U_a$ wird im allgemeinen als Steuerspannung der Triode bezeichnet.

Aufgabe:

Man berechne die Äquivalentspannung für die ideale ebene Triode

a) ohne Raumladung,

b) unter Berücksichtigung der Raumladung im Katoden-Gitter-Gebiet [verwende Gl. (9.29)].

Lösung:

$$U_{\text{äqu}} = (U_g + DU_a) \left\{1 + D\left(1 + \frac{l_{ga}}{l_{gk}} K\right)\right\}^{-1}$$

mit $K = 1$ für *a*) und $K = {}^4/_3$ für *b*), wobei l den Elektrodenabstand bezeichnet.

Die Tatsache, daß moderne Röhren im allgemeinen relativ kleine Gitter-Katoden-Abstände besitzen,[1]) hat einerseits zur Folge, daß die Behandlung als ideale Trioden nicht gerechtfertigt ist und andererseits auch schon die Voraussetzungen für eine Anwendung von Gl. (9.34) nicht gegeben sind. Aus diesem Grund wird man nach Möglichkeit stets die Röhrenkennlinie $I_a = f(U_g, U_a)$ experimentell bestimmen und daraus oder durch direkte Messung die Steilheit, den Durchgriff und den inneren Widerstand für den interessierenden Bereich ermitteln. In den folgenden Abbildungen (Abb. 10.2 bis 10.4) sind einfache Beispiele für die direkte Messung von S, D und R_i gezeigt. Besonderer Wert ist bei diesen Messungen auf die Verwendung kleiner Wechselspannungen zu legen, da S, D und R_i als Differentialquotienten definiert sind.

[1]) Als Folge davon ist das elektrische Feld und damit die Stromdichte auf der Katodenoberfläche nicht konstant. Insbesondere bei stark negativen Gitterspannungen liefert nur ein Teil der Katodenoberfläche Strom (Inselbildung), und der Durchgriff wird strom- bzw. spannungsabhängig.

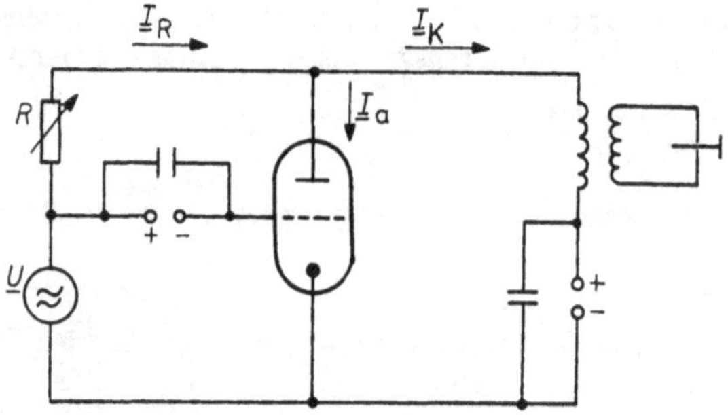

Abb. 10.2. Direkte Messung der Steilheit einer Triode
Für stromloses Telefon ist $\underline{I}_R = \underline{I}_a$, woraus mit $\underline{I}_R = \underline{U}/R$ und $\underline{I}_a = S\underline{U}$ die Bedingung $R = 1/S$ folgt

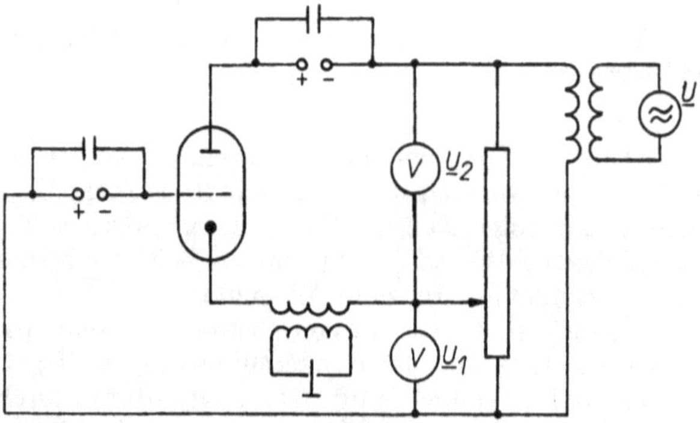

Abb. 10.3. Direkte Messung des Durchgriffs einer Triode
$\underline{U}_2$ und $\underline{U}_1$ werden mit Röhrenvoltmetern gemessen, die nur auf Wechselspannungen ansprechen
Für stromloses Telefon gilt $D = \underline{U}_1/\underline{U}_2$

In Tab. 10.1 sind die technischen Daten einer modernen (Doppel-) Triode dargestellt. Als Beispiel für die Bedeutung dieser Größen betrachten wir die in Abb. 10.5 gezeigte einfache Verstärkerschaltung. Es gilt danach

$$\overline{I}_a + \underline{I}_a = f(\overline{U}_g + \underline{U}_g,\ \overline{U}_a + \underline{U}_a), \qquad (10.20)$$

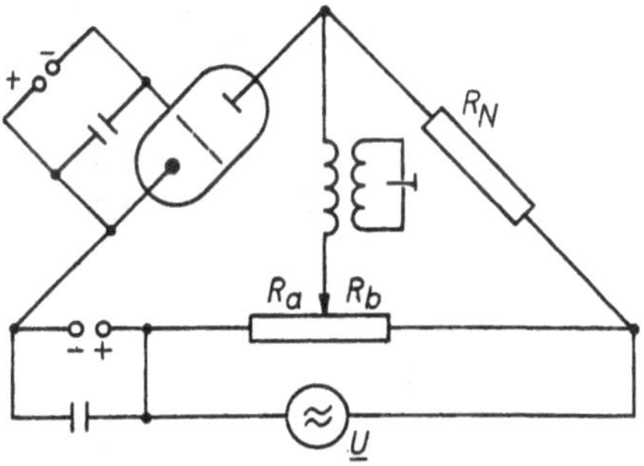

Abb. 10.4. Direkte Messung des inneren Widerstandes einer Triode in einer WHEATSTONEschen Brückenschaltung
Für stromloses Telefon gilt $R_i = R_N R_a / R_b$

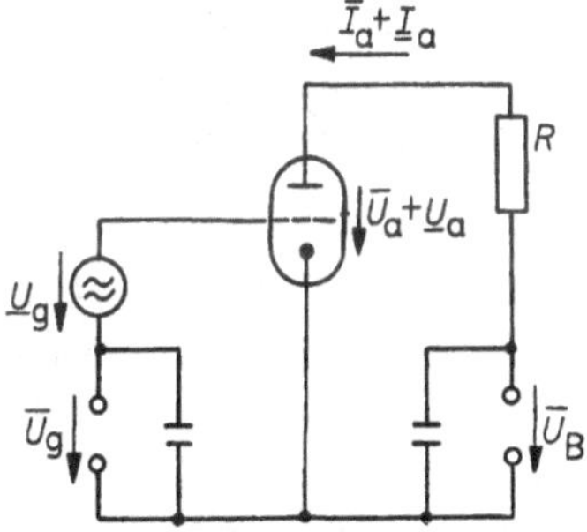

Abb. 10.5a. Einfache Verstärkerschaltung mit einer Triode

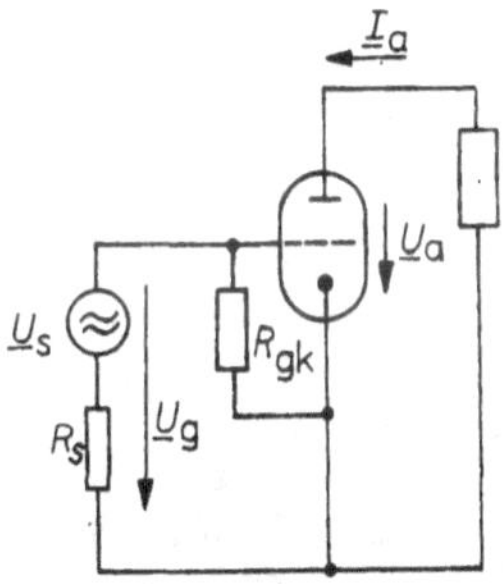

Abb. 10.5b. Wechselstromersatzschaltbild der Verstärkerschaltung von Abb. 10.5a unter Berücksichtigung des Innenwiderstandes R_s der Signalquelle und des Eingangswiderstandes R_{gk} der Triode

wobei

$$\overline{U}_a + \underline{U}_a = \overline{U}_B - R\overline{I}_a - R\underline{I}_a \tag{10.21}$$

Tabelle 10.1. Technische Daten einer modernen (Doppel-) Triode Doppeltriode E C C 85 (6,3 V Heizspannung, 0,435 A Heizstrom)

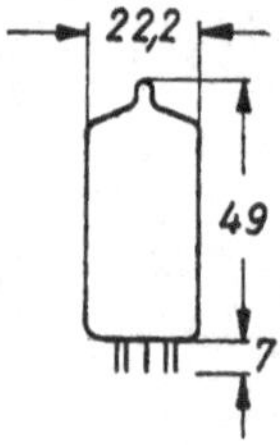

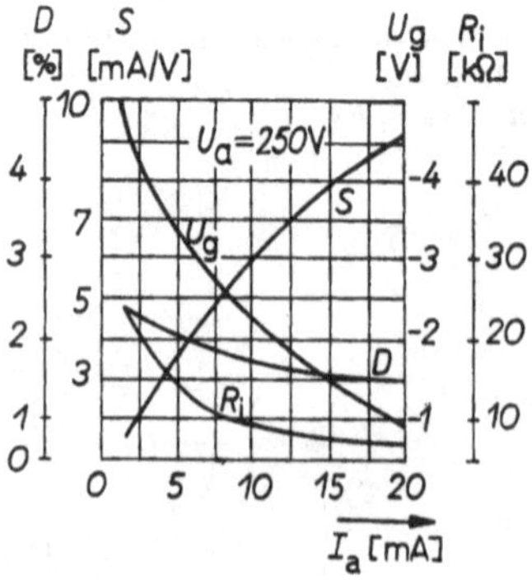

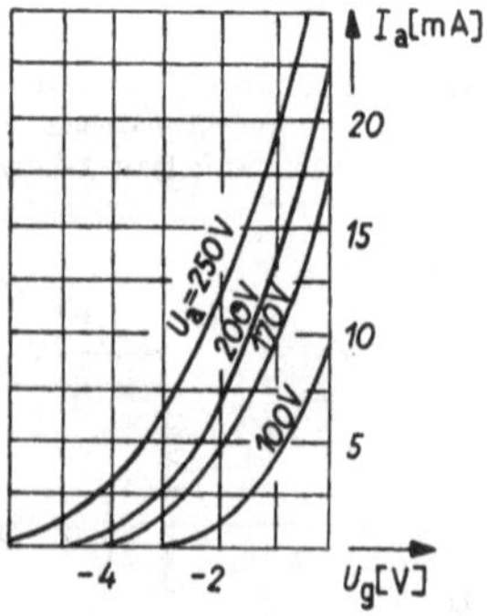

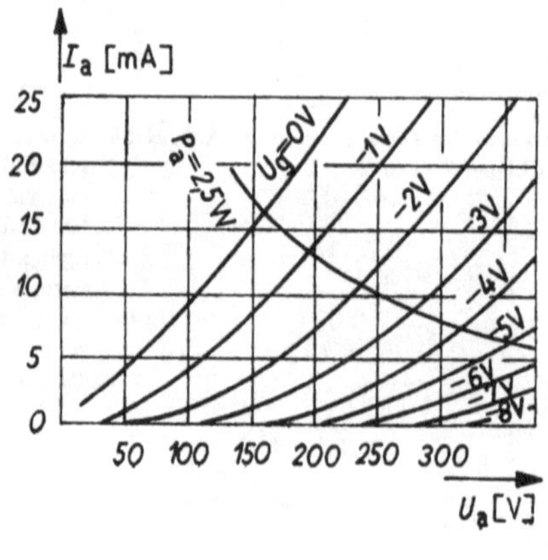

Grenzwerte (je System):

$U_{a\,max\,k}$	$= 550$ V	Anodenkaltspannung
$U_{a\,max}$	$= 300$ V	Anodenspannung
$P_{a\,max}$	$= 2{,}5$ W	Anodenbelastung ($= (\overline{U}_a\overline{I}_a)_{max} =$ Anodenverlustleistung + Wechselstromleistung)
$I_{k\,max}$	$= 15$ mA	Katodenstrom
$U_{g\,max}$	$= -100$ V	Gittervorspannung
$R_{g\,max}$	$= 1$ MΩ	Gitterableitwiderstand (infolge der unkontrollierbaren Gitterströme, vgl. Abschnitt 12.1., würde bei $R_g > R_{g\,max}$ die Gittervorspannung stark verfälscht)
$U_{f/k\,max}$	$= 90$ V	Spannung zwischen Faden und Katode
$R_{f/k\,max}$	$= 20$ kΩ	äußerer Widerstand zwischen Faden und Katode (infolge unkontrollierter Ströme zwischen Faden und Katode entsteht ein Spannungsabfall, der ohne ein genügend kleines $R_{f/k}$ die Gitterspannung beeinflußt)
U_{ge}	$= -1{,}3$ V	Gitterstromeinsatz (für $U_g < U_{ge}$ ist $\overline{I}_g \leqq 0{,}3$ µA)

Kapazitäten (je System):
(ohne äußere Abschirmung)

C_g	$= 3$ pF	Eingangskapazität
C_a	$= 1{,}2$ pF	Ausgangskapazität
$C_{g/a}$	$= 1{,}5$ pF	Gitter-Anoden-Kapazität
$C_{a/k}$	$= 0{,}18$ pF	Anode-Katoden-Kapazität

sein muß. Nehmen wir

$$\left.\begin{aligned} |\underline{U}_g| &\ll -\overline{U}_g, \\ R\,|\underline{I}_a| &\ll \overline{U}_B - R\overline{I}_a \end{aligned}\right\} \qquad (10.22)$$

an (Anfangsstufenverstärker), so können wir Gl. (10.20) entwickeln und erhalten [vgl. die Gln. (10.2) ff.]

$$\overline{I}_a + \underline{I}_a = f(\overline{U}_g, \overline{U}_B - R\overline{I}_a) + S\,\underline{U}_g - \frac{R}{R_i}\,\underline{I}_a \qquad (10.23)$$

oder, da die zeitunabhängigen und die zeitabhängigen Terme für sich gleich sein müssen,

$$\overline{I}_a = f(\overline{U}_g, \overline{U}_B - R\overline{I}_a) \qquad (10.24)$$

und

$$\underline{I}_a = \frac{S\underline{U}_g}{1 + \frac{R}{R_i}}. \tag{10.25}$$

Die erste dieser beiden Gleichungen liefert bei bekannter Kennlinie $f(\bar{U}_g, \bar{U}_a)$ den Anodengleichstrom $\bar{I}_a$ als Funktion der Gittervorspannung $\bar{U}_g$, des Außenwiderstandes R und der Batteriespannung $\bar{U}_B$. Die zweite Gleichung gibt den Anodenwechselstrom $\underline{I}_a$ als Funktion der Gitterwechselspannung $\underline{U}_g$, des Außenwiderstandes R und der Röhrenkennwerte S und R_i, die natürlich ihrerseits von $\bar{U}_g$ und $\bar{U}_B - R\bar{I}_a$ abhängen.

Beachten wir das Ohmsche Gesetz

$$\underline{U}_a = -R\underline{I}_a, \tag{10.26}$$

so folgt aus Gl. (10.25) die Spannungsverstärkung zu

$$\frac{\underline{U}_a}{\underline{U}_g} = -\frac{RS}{1 + \frac{R}{R_i}}. \tag{10.27}$$

Für $R \gg R_i$ ergibt sich die maximal erreichbare Verstärkung

$$\left(\frac{\underline{U}_a}{\underline{U}_g}\right)_{max} = -SR_i = -\frac{1}{D}, \tag{10.28}$$

weshalb der reziproke Wert des Durchgriffs auch als Verstärkungsfaktor der Röhre schlechthin bezeichnet wird. Bei Trioden liegt er in der Größenordnung von 10 bis 100 und bei Pentoden um etwa eine Größenordnung höher. Im anderen Grenzfall $R \ll R_i$, der praktisch stets bei Pentoden wegen ihres hohen Innenwiderstandes erfüllt ist, wird

$$\left(\frac{\underline{U}_a}{\underline{U}_g}\right) = -SR. \tag{10.29}$$

Die Leistungsverstärkung g wird allgemein durch die Beziehung

$$g = \frac{\text{Leistung am Verbraucher}}{\text{verfügbare Leistung der Signalquelle}} \tag{10.30}$$

definiert, wobei der Nenner diejenige Leistung bezeichnet, die die Signalquelle maximal, d. h. bei Anpassung, abgeben *könnte*. In Abb. 10.5*b* ist die Schaltung von Abb. 10.5*a* ohne die Gleichspannungsquellen, aber unter Berücksichtigung des Innenwiderstandes R_s der Signalquelle und des Eingangswiderstandes R_{gk} der Röhre gezeichnet, die beide der Einfachheit halber als reine Wirkwiderstände angenommen wurden. Gemäß der Definition nach Gl. (10.30) folgt damit

$$g = \frac{\underline{U}_a^2/R}{\underline{U}_s^2/4R_s} = \frac{\underline{U}_a^2 \cdot 4R_s}{\underline{U}_g^2 \left(\frac{R_{gk} + R_s}{R_{gk}}\right)^2 R} \tag{10.31}$$

oder mit Gl. (10.27)

$$g = \frac{S^2 R R_i^2}{(R + R_i)^2} \cdot 4R_s \frac{R_{gk}^2}{(R_{gk} + R_s)^2}. \tag{10.32}$$

Als Funktion von R besitzt also g ein Maximum bei $R = R_i$ und als Funktion von R_s bei $R_s = R_{gk}$, so daß

$$g_{max} = \frac{1}{4} S^2 R_i R_{gk} = \frac{1}{D^2} \frac{R_{gk}}{4R_i} \tag{10.33}$$

wird.

Spannungs- und Leistungsverhältnisse gibt man gern in logarithmischen Einheiten an, da man dann bei der Hintereinanderschaltung von Vierpolen die Angaben einfach addieren kann. Bildet man den natürlichen Logarithmus eines Spannungs- (oder Strom-) Verhältnisses, so gibt man dieser Zahl die Einheit Neper (abgekürzt Np), also

$$x_{Np} = \ln \left(\frac{U_2}{U_1}\right) [\text{Np}]. \tag{10.34}$$

Nimmt man dagegen den mit 10 multiplizierten Zehnerlogarithmus eines Leistungsverhältnisses, so ordnet man dieser Zahl die Einheit Dezibel (abgekürzt dB) zu, also

$$x_{\mathrm{dB}} = 10 \lg \left(\frac{P_2}{P_1}\right) [\mathrm{dB}]. \tag{10.35}$$

Die Umrechnung zwischen den beiden Angaben bereitet keine Schwierigkeiten, wenn man $P \sim U^2$ berücksichtigt, so daß also aus

$$x_{\mathrm{dB}} = 10 \lg \left(\frac{P_2}{P_1}\right) = 8{,}686 \ln \left(\frac{U_2}{U_1}\right) \tag{10.36}$$

folgt

$$1 \text{ Neper} = 8{,}686 \text{ Dezibel}, \tag{10.37}$$

$$1 \text{ Dezibel} = 0{,}1151 \text{ Neper}. \tag{10.38}$$

Die Tabelle 10.2 gibt einige Zahlenwerte zur schnellen Umrechnung zwischen den verschiedenen möglichen Darstellungen.

Tabelle 10.2. Relativer Pegel in Dezibel und Neper

dB	Np	Spannungsverhältnis	Leistungsverhältnis
0,0	0,0	1,00	1,00
0,1	0,01	1,01	1,02
0,4	0,05	1,05	1,10
0,8	0,09	1,10	1,20
1,0	0,12	1,12	1,26
3,0	0,35	1,41	2,00
6,0	0,69	2,00	4,00
10,0	1,15	3,16	10,0
20,0	2,30	10,00	100

Eine 1000fache Spannungsverstärkung entspricht also beispielsweise $3 \cdot 20 = 60$ dB und $3 \cdot 2{,}3 = 6{,}9$ Np, da eine Multiplikation der Zahlen rechts eine Addition der entsprechenden Zahlen links erfordert.

11. Elektronenbahnen und Stromverteilung

Wir haben bisher nur Trioden mit negativ vorgespanntem Gitter betrachtet, da dann der Eingangswiderstand im allgemeinen sehr groß ist und eine hohe Leistungsverstärkung erreicht werden kann. Nun arbeitet man aber bei manchen Anwendungen durchaus mit positiv bzw. zeitweise positiv vorgespanntem Gitter, z. B. bei Sendeverstärkern (vgl. Teil III, Abschnitt 18) und natürlich bei allen Tetroden und Pentoden, bei denen das sogenannte Schirmgitter ständig positiv vorgespannt ist.

Die Einführung dieses Gitters entspringt der Forderung nach einem möglichst kleinen Durchgriff, d. h. einer großen Verstärkung [vgl. Gl. (10.28)]. Würde man aber bei einer Triode den Durchgriff sehr stark verringern, dann wären unbequem hohe Anodenspannungen erforderlich, da ja die Steuerspannung $\overline{U}_g + D\overline{U}_a$ trotz negativer Gitterspannung positiv sein muß, damit ein genügend großer Anodenstrom [vgl. Gl. (10.15)] zustande kommt. Aus diesem Grund wird zwischen Steuergitter und Anode ein sogenanntes Schirmgitter angebracht, das ein positives Potential von der Größenordnung der Anodenspannung besitzt und wechselstrommäßig (d. h. über einen genügend großen Kondensator) mit der Katode kurzgeschlossen ist. Der Anodendurchgriff wird dann sehr klein (unter 1%), so daß hohe Verstärkungen erreicht werden können, ohne daß die Anodenspannung erhöht werden muß, da für den Gleichstrom der Schirmgitterdurchgriff maßgebend ist.

Der Schritt von dieser Zweigitterröhre oder Tetrode zur Dreigitterröhre oder Pentode wird dadurch bedingt, daß an der Anode ungewünschte Sekundärelektronen entstehen können, von denen ein Teil zum (positiven!) Schirmgitter wandert, wodurch der Anodenstrom unter Umständen sogar mit wachsender Anodenspannung abnehmen kann (negative Kennlinie, vgl. Teil III, Abschnitt

19). Dieser im allgemeinen unerwünschte Effekt wird dann am einfachsten durch das sogenannte Bremsgitter verhindert, das sich zwischen Schirmgitter und Anode befindet und Katodenpotential besitzt. Das Schaltzeichen für eine derartige Pentode ist in Abb. 11.1 dargestellt.

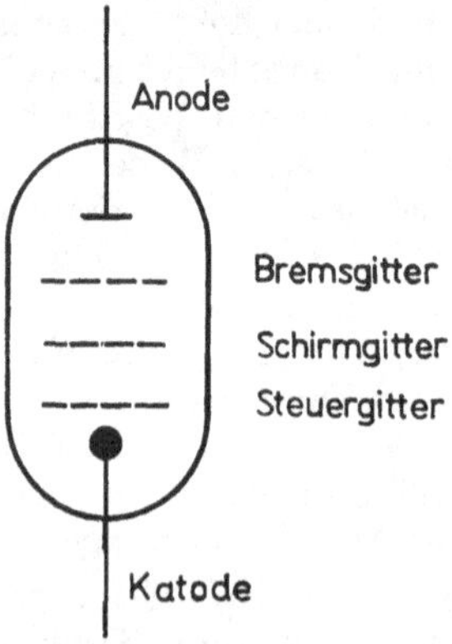

Abb. 11.1. Schaltzeichen einer Pentode mit Bezeichnung der einzelnen Elektroden

Wir sehen also, daß die von der Katode emittierten Elektronen außer zur Anode auch mit zum Schirmgitter wandern werden. Dabei ergibt sich die Frage nach der Verteilung des Emissionsstromes auf diese beiden Elektroden. Wir wollen diese Frage aber noch allgemeiner formulieren, und zwar: Wie kann man für irgendeine vorgegebene Elektrodenanordnung aus den bekannten Potentialen und der Geometrie der Elektroden die Verteilung der Elektronenströme bestimmen? Dazu gibt es im Prinzip zwei Möglichkeiten, nämlich

1. zunächst die Potentialverteilung im Raum zu ermitteln und anschließend die Elektronenbahnen durch Lösung der Bewegungsgleichung oder graphische Verfahren zu bestimmen und
2. die direkte Bestimmung der Elektronenbahnen.

Beginnen wir mit der ersten Möglichkeit, d. h. zunächst der Ermittlung von Potentialfeldern bei vorgegebenen

Randbedingungen. Die wichtigsten analytischen und auch ein graphisches Verfahren wurden bereits ausführlich im Teil I, Abschnitt 2 besprochen, so daß wir uns hier auf das sogenannte LIEBMANN-Verfahren und einige experimentelle Methoden beschränken können.

Beim LIEBMANN-Verfahren für die Behandlung ebener Elektrodenanordnungen (d. h., U hängt nur von der x- und y-Koordinate ab) überzieht man die xy-Ebene mit einem äquidistanten Netz paralleler Geraden, deren Abstand a klein gegen die Elektrodenabmessungen sein muß. Für die Potentiale U in einem beliebig heraus-

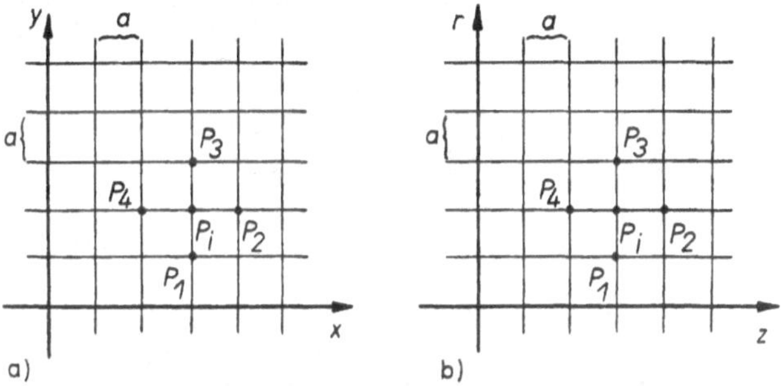

Abb. 11.2. Zum LIEBMANNschen Näherungsverfahren für ebene (a) und zylindersymmetrische (b) Elektrodenanordnungen

gegriffenen Punkt P_i und den benachbarten Punkten P_1 bis P_4 (vgl. Abb. 11.2a) gilt dann nach TAYLOR

$$\left.\begin{aligned} U_{1,3} &= U_i \mp \left(\frac{\partial U}{\partial y}\right) a + \frac{1}{2}\left(\frac{\partial^2 U}{\partial y^2}\right) a^2 \mp \cdots, \\ U_{2,4} &= U_i \pm \left(\frac{\partial U}{\partial x}\right) a + \frac{1}{2}\left(\frac{\partial^2 U}{\partial x^2}\right) a^2 \pm \cdots \end{aligned}\right\} \tag{11.1}$$

oder nach der Summation

$$\sum_{n=1}^{4} U_n = 4U_i + \left(\frac{\partial^2 U}{\partial x^2} + \frac{\partial^2 U}{\partial y^2}\right) a^2 + \cdots \tag{11.2}$$

und auf Grund der LAPLACE-Gleichung [Gl. (2.31) des Teiles I mit $U = \Phi$]

$$U_i = \frac{1}{4} \sum_{n=1}^{4} U_n. \tag{11.3}$$

Zur Bestimmung der unbekannten Potentialverteilung beginnt man dann bei diesem Verfahren mit irgendeiner plausiblen Verteilung und korrigiert mittels dieser Gleichung so lange, bis sie in jedem Punkt erfüllt ist. Völlig analog geht man bei der Behandlung zylindersymmetrischer Anordnungen vor (d. h., U hängt nur von r und z ab), wobei, wie man leicht zeigt, an Stelle von Gl. (11.3) die Beziehung

$$U_i = \frac{1}{4} \sum_{n=1}^{4} U_n + \frac{U_3 - U_1}{8r} a \tag{11.4}$$

tritt (vgl. Abb. 11.2*b*). Leider ist dieses Verfahren aber relativ langwierig, da die Werte bei der Korrektion schlecht konvergieren. Es gibt eine Weiterentwicklung (vgl. [R 1]), auf die wir jedoch hier nicht näher eingehen können. Wesentlich schneller zum Ziel führen die experimentellen Methoden, von denen die wichtigste auf der Verwendung von Widerstandsnetzwerken beruht:

Für die Behandlung ebener Probleme werden gleichgroße Widerstände R zu einem Maschengitter zusammengelötet (vgl. Abb. 11.3*a*). Die Spannungen an den Knotenpunkten stimmen dann mit den entsprechenden Potentialen im Raum überein, da die Summe der zufließenden Ströme in jedem Knotenpunkt Null sein muß:

$$\frac{U_1 - U_i}{R} + \frac{U_2 - U_i}{R} + \frac{U_3 - U_i}{R} + \frac{U_4 - U_i}{R} = 0, \tag{11.5}$$

also die LIEBMANNsche Gleichung (11.3) erfüllt ist. Wenn man demzufolge die Elektrodenanordnung im Wider-

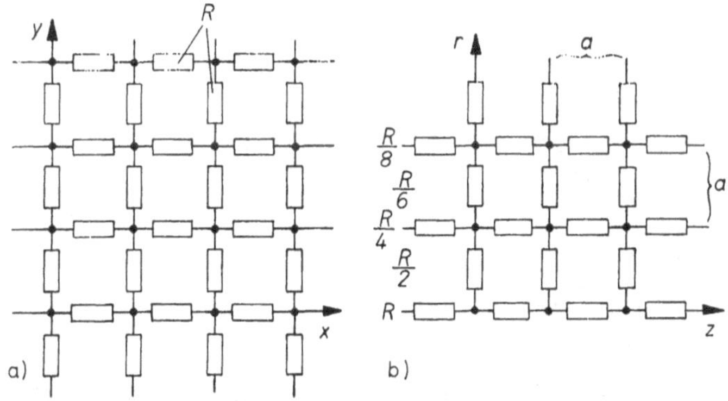

Abb. 11.3. Zur Methode der Widerstandsnetzwerke für ebene (a) und zylindersymmetrische (b) Elektrodenanordnungen

standsnetzwerk durch Kurzschließen der entsprechenden Knoten nachbildet und an diese Kurzschlußverbindungen die betreffenden Elektrodenspannungen anlegt, kann man mit einem statischen oder einem Röhrenvoltmeter durch Messen der Knotenspannungen die Potentialverteilung im gesamten Raum ermitteln.

Zylindersymmetrische Verhältnisse werden nachgebildet, indem man folgende Widerstandswerte verwendet:

$$R_{\text{radial}} = \frac{R}{4n - 2} \quad \text{für } n \geqq 1\,, \tag{11.6}$$

$$R_{\text{axial}} = \begin{cases} \dfrac{R}{4n} & \text{für } n \geqq 1\,, \\ R & \text{für } n = 0\,, \end{cases} \tag{11.7}$$

wobei $n = r/a$ der in der Einheit a gemessene radiale Abstand ist (vgl. Abb. 11.3b). Auf Grund der Tatsache, daß die Summe der zufließenden Ströme in jedem Knotenpunkt Null sein muß, ergibt sich

$$\frac{U(n-1,z)-U(n,z)}{R(4n-2)^{-1}}+\frac{U(n+1,z)-U(n,z)}{R[4(n+1)-2]^{-1}}+$$
$$+\frac{U(n,z+1)-U(n,z)}{R(4n)^{-1}}+\frac{U(n,z-1)-U(n,z)}{R(4n)^{-1}}=0 \tag{11.8}$$

oder

$$U(n,z)=\frac{1}{4}\sum U+\frac{U(n+1,z)-U(n-1,z)}{8n}, \tag{11.9}$$

was mit der zweiten LIEBMANNschen Gleichung [Gl. (11.4)] übereinstimmt, d. h., die Spannungen in den Knotenpunkten stellen die entsprechenden Potentiale in einem Raum mit zylindersymmetrischen Anordnungen dar. Schließt man bei dem Netzwerk von Abb. 11.3*b* beispielsweise alle Widerstände mit einem bestimmten $r = na$ (z. B. $n = 10$ und $n = 0$) kurz, so erhält man sofort die Potentialverhältnisse in einem Koaxialkabel.

Für die Widerstände R wählt man gewöhnlich Werte zwischen 10 und 100 kΩ. Die Genauigkeit der Methode wächst natürlich, je kleiner die Maschenweite a gegen die Krümmungsradien der Elektroden gewählt wird.

Als weiteres experimentelles Verfahren erwähnen wir den bekannten elektrolytischen Trog, der nicht nur für die Untersuchung ebener oder zylindersymmetrischer Probleme, sondern allgemein verwendet werden kann, da aus den MAXWELLschen Gleichungen [vgl. im Teil I, die Gln. (1.4) bis (1.12) mit $\varrho = 0$] für die Stromdichte im Elektrolyten zunächst

$$\operatorname{div}\boldsymbol{J}=0 \tag{11.10}$$

und daraus bei ortsunabhängiger Leitfähigkeit σ mit dem OHMschen Gesetz in differentieller Schreibweise ($\boldsymbol{J} = \sigma\boldsymbol{E}$)

$$\operatorname{div}\boldsymbol{E}=0 \tag{11.11}$$

folgt. Dies ist aber wegen $\boldsymbol{E} = -\operatorname{grad} U$ [vgl. Gl. (2.12)] identisch mit der LAPLACE-Gleichung $\Delta U = 0$, und man kann somit durch Messung der Spannung im Elektrolyten (mit einer isolierten Sonde) den Potentialverlauf unmittelbar bestimmen.

Als Fehlerquellen kommen hierbei in Frage:

1. die elektrolytische Polarisation an den Elektroden (σ wird ortsabhängig), die man aber durch Verwendung von Wechselströmen (etwa 500 Hz) umgehen kann;

2. chemische Reaktionen zwischen Elektrolyt und Elektroden, wodurch σ ebenfalls ortsabhängig wird (bei graphitierten Elektroden in 0,5- bis 1%iger Sodalösung ist dieser Einfluß vernachlässigbar);

3. wegen der Verwendung von Wechselströmen entstehen kapazitive Nebenschlüsse, weshalb man die Spannungsmessungen in einer Brückenschaltung mit getrenntem Phasen- und Amplitudenabgleich vornehmen muß.

Auf weitere experimentelle Verfahren und Anwendungen zur Lösung verwandter Probleme (Wärmeleitung, magnetische Felder) können wir hier nicht näher eingehen (vgl. [R 1], [L 1]), sondern nehmen an, daß es uns gelungen sei, durch irgendeines dieser Verfahren den Potentialverlauf zu erhalten. Die gesuchten Elektronenbahnen können dann, wie schon erwähnt, entweder durch Lösung der Bewegungsgleichung oder durch graphische Verfahren ermittelt werden.

Die Lösung der Bewegungsgleichung eines Elektrons im elektrischen Feld wird in der theoretischen Physik im Zusammenhang mit der Gravitation (Bewegung eines Teilchens im Potentialfeld) ausführlich behandelt, weshalb wir hier darauf verzichten und nur eine häufig verwendete graphische Methode besprechen wollen. Zunächst leiten wir das Brechungsgesetz für bewegte Elektronen ab. In Abb. 11.4 soll im oberen Teil das Potential U_1 und im unteren Teil das Potential U_2 herrschen und die Breite δ des Übergangsgebietes vernachlässigbar

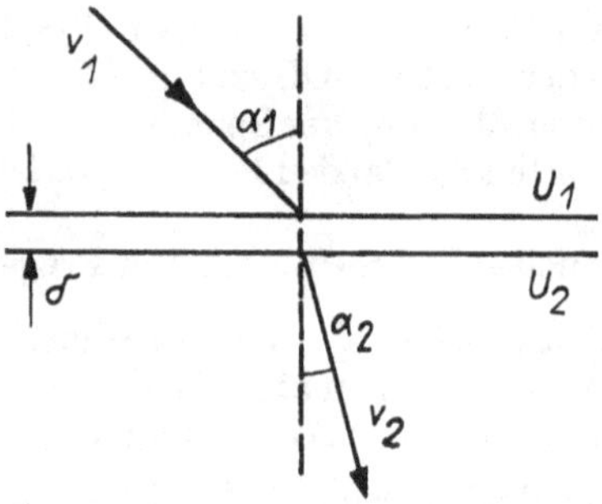

Abb. 11.4. Zum Brechungsgesetz für bewegte Elektronen an einem Potentialsprung ($\delta \to 0$)

klein sein (Potentialsprung). Dann gilt auf Grund des Energiesatzes

$$\frac{m}{2} v_1^2 - e U_1 = \frac{m}{2} v_2^2 - e U_2 \tag{11.12}$$

und

$$v_1 \sin \alpha_1 = v_2 \sin \alpha_2, \tag{11.13}$$

da parallel zum Übergangsgebiet keine Beschleunigung auftritt. Setzen wir nun voraus, daß für $U = 0$ auch $v = 0$ ist, d. h. vernachlässigen wir die Elektronenaustrittsgeschwindigkeit aus der Katode, so folgt

$$\frac{m}{2} v^2 - e U = 0 \tag{11.14}$$

oder mit Gl. (11.13) das gesuchte Brechungsgesetz

$$\frac{\sin \alpha_1}{\sin \alpha_2} = \frac{v_2}{v_1} = \sqrt{\frac{U_2}{U_1}}. \tag{11.15}$$

Die Konstruktion der Elektronenbahnen erfolgt dann in der Weise, daß das Potentialfeld durch ein Feld ersetzt wird, in dem das Potential über gewisse Bereiche konstant ist, zwischen denen es sich sprunghaft ändert (vgl. Abb. 11.5). In den Gebieten konstanten Potentials verlaufen die Elektronen geradlinig und erfahren nur an den Sprungstellen Richtungsänderungen, die mit Gl. (11.15) leicht bestimmt werden können. Die Genauigkeit dieses Verfahrens wird bei genügend feiner Unterteilung schließlich

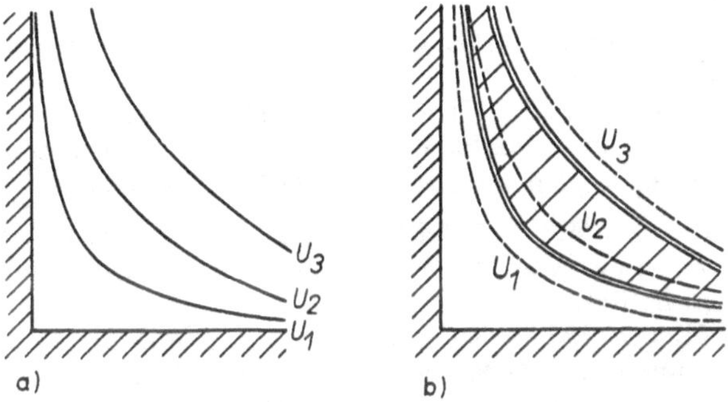

Abb. 11.5. Beispiel für eine Potentialverteilung (*a*) und die zur Anwendung des Brechungsgesetzes geeignete Ersatzpotentialverteilung (*b*)

durch die Zeichenfehler begrenzt, und es wurden verbesserte Verfahren entwickelt, auf die wir aber hier nicht näher eingehen können.

Die auf S. 60 erwähnte zweite Möglichkeit, nämlich eine direkte Bestimmung der Elektronenbahnen ohne vorherige Ermittlung des Potentialverlaufs, wollen wir an der Gummimembranmethode erläutern. Bei diesem Verfahren bringt man eine in der xy-Ebene ausgespannte Gummimembran durch Stützen, die die Elektroden nachbilden, aus der Ruhelage. Wie sich zeigen läßt, folgt aus der Bedingung, daß die Oberfläche der Membran ein Minimum sein muß, die Beziehung

$$\frac{\partial^2 z}{\partial x^2} + \frac{\partial^2 z}{\partial y^2} = 0, \tag{11.16}$$

wobei z die als klein vorausgesetzte Auslenkung aus der Ruhelage ($z = 0$) bezeichnet. Gl. (11.16) ist aber identisch mit der LAPLACE-Gleichung im ebenen Fall, so daß man durch Ausmessen der Höhe z die Potentialverteilung erhält. Man kann auch die Elektronenbahnen direkt bestimmen, indem man Kugeln über die Membran rollen läßt und ihre Bahn photographiert. Als Fehlerquellen müssen hierbei folgende Punkte in Betracht gezogen werden:

1. die Beziehung (11.16) gilt nur für kleine Auslenkungen;
2. die Reibung der Kugeln auf der Membran;
3. im Gegensatz zu den Elektronen ziehen sich benachbarte Kugeln scheinbar an, da sie die Membran eindrücken.

Dagegen läßt sich leicht zeigen, daß die zusätzliche Rotation der Kugeln keinen Einfluß auf die resultierende Bahn besitzt.

Bis jetzt haben wir nur raumladungsfreie Felder betrachtet, d. h. die Wechselwirkung der Elektronen vernachlässigt. Dieser Einfluß kann aber zu beträchtlichen Bahnänderungen Anlaß geben, wie man an dem in Abb. 11.6 gezeigten Beispiel sieht, wo ohne Wechselwirkung alle Elektronen parallel zur z-Achse weiterfliegen würden, tatsächlich aber eine mit z zunehmende Strahlverbreiterung (s. unten) auftritt.

Da bewegte Elektronen einen elektrischen Strom darstellen, der um sich ein magnetisches Feld aufbaut, müs-

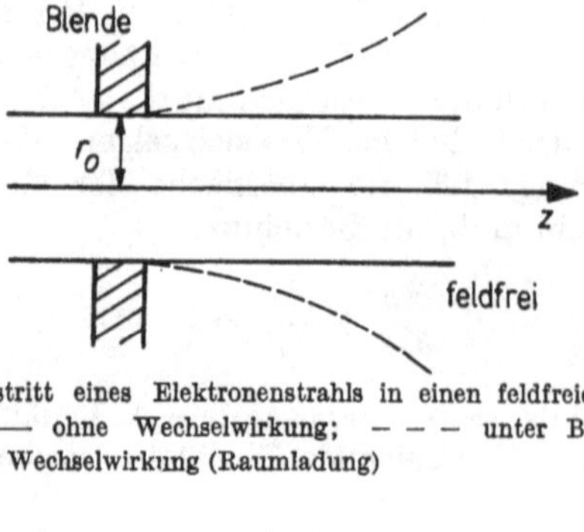

Abb. 11.6. Austritt eines Elektronenstrahls in einen feldfreien Raum —— ohne Wechselwirkung; – – – unter Berücksichtigung der Wechselwirkung (Raumladung)

sen wir außer der elektrostatischen Wechselwirkung auch eine mögliche magnetische Wechselwirkung der Elektronen in Betracht ziehen. Zur Berechnung dieser magnetischen Wechselwirkung gehen wir zunächst von folgendem Gedankenexperiment aus:

Der Stromkreis in Abb. 11.7 befindet sich in einem Magnetfeld, dessen Induktion die Komponenten $0, 0, B_z$ besitze.

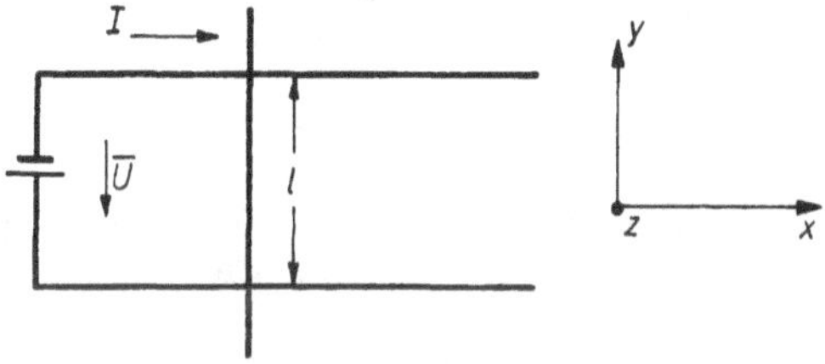

Abb. 11.7. Gedankenexperiment zur Ableitung der Kraft, die ein Magnetfeld auf ein bewegliches Elektron ausübt

Dann wird auf die stromdurchflossenen Leiter eine Kraft ausgeübt, die wir leicht folgendermaßen bestimmen können:

Wir bewegen das Leiterstück l in x-Richtung um die Strecke Δx. Auf Grund des Energiesatzes muß dann die Abnahme der mechanischen potentiellen Energie $F_x \Delta x$ gleich der Erhöhung der elektrischen Energie infolge des bei dieser Bewegung induzierten Stromes sein, also (vgl. Abb. 11.7)

$$F_x \Delta x = -\overline{U} I_{ind} \Delta t = -\overline{U} \frac{U_{ind}}{R} \Delta t, \quad (11.17)$$

wobei R den Widerstand des Stromkreises darstellt. Unter Beachtung des Induktionsgesetzes (vgl. Teil I, S. 102ff.) folgt daraus sofort

$$F_x = -\frac{\overline{U}}{R} \frac{l}{\nu' \gamma} B_z \quad (11.18)$$

oder in Vektorschreibweise, wenn wir den Gleichstrom $\bar{I} = \bar{U}/R$ einführen und unter $\boldsymbol{l}$ einen Vektor vom Betrag l und derselben Richtung wie $\bar{I}$ verstehen,

$$\boldsymbol{F} = + \frac{\bar{I}}{\nu' \gamma} [\boldsymbol{l} \times \boldsymbol{B}]. \tag{11.19}$$

Bezeichnen wir mit n die Zahl der Elektronen in der Volumeneinheit und mit v ihre Geschwindigkeit, so gilt [vgl. Gl. (8.1) unter Beachtung des Vorzeichens]

$$I = - nevA. \tag{11.20}$$

Da nlA die Gesamtzahl der Elektronen im Leiterstück bedeutet, beträgt der Anteil eines Elektrons am Strom

$$I^{(1)} = \frac{I}{nlA} = - \frac{ev}{l}, \tag{11.21}$$

und für die Kraft auf ein Elektron ergibt sich aus Gl. (11.19)

$$\boldsymbol{F} = - \frac{e}{\nu' \gamma} [\boldsymbol{v} \times \boldsymbol{B}]. \tag{11.22}$$

Damit können wir nun leicht das Verhältnis der elektrischen zur magnetischen Kraft zwischen zwei parallel fliegenden Elektronen berechnen, deren Geschwindigkeit v gegeneinander klein gegen die Vakuumlichtgeschwindigkeit sei. Nennen wir den gegenseitigen Abstand r, so folgt für die elektrische Kraft (Coulombsches Gesetz)

$$F_e = - \frac{e^2}{\varepsilon_V r^2}. \tag{11.23}$$

Das magnetische Feld ergibt sich aus Gl. (3.8), Teil I (Biot-Savartsches Gesetz), zu

$$H = \frac{I}{\gamma} \frac{\mathrm{d}l}{r^2} \tag{11.24}$$

oder, da wir für I nur den von einem Elektron herrührenden Anteil einzusetzen haben [vgl. Gl. (11.21)],

$$H = -\frac{ev}{\gamma r^2}. \tag{11.25}$$

Setzen wir dies unter Beachtung von Gl. (1.6), Teil I, in (11.22) ein, so erhalten wir

$$F_m = \frac{e^2 v^2}{\gamma^2 r^2} \mu_v \tag{11.26}$$

und für das Verhältnis

$$\frac{-F_e}{F_m} = \frac{\gamma^2}{\varepsilon_v \mu_v v^2} = \left(\frac{c}{v}\right)^2, \tag{11.27}$$

wobei c die Vakuumlichtgeschwindigkeit ist (vgl. Teil I, Tab. 1.3), d. h., die magnetische Wechselwirkung kann gegen die elektrische Wechselwirkung vernachlässigt werden.

Für das in Abb. 11.6, S. 68 dargestellte Beispiel errechnet man dann leicht die relative Zunahme des Strahlradius zu

$$\frac{\Delta r}{r_0} \sim \frac{I}{U^{3/2}} z^2, \tag{11.28}$$

wobei I den Strahlstrom und U das für $z > 0$ konstante Potential bezeichnet. Der Quotient $I/U^{3/2}$ wird Perveanz genannt und stellt ein quantitatives Maß für die Raumladungswirkung dar.

Aufgabe:

Man leite die Gleichung (11.28) ab.

Die Berücksichtigung des Raumladungseinflusses auf die Elektronenbahnen bei beliebigen Elektrodenanordnungen erfolgt fast ausschließlich durch Näherungsverfahren, indem man zunächst die Elektronenbahnen ohne Raumladung bestimmt und daraus über die Stromdichte die Raumladungsdichte für jeden Punkt in erster Näherung berechnet. Anschließend ermittelt man die Elektronenbahnen unter Berücksichtigung dieser Raumladungsdichte, berechnet daraus die Raumladungsdichte in zweiter Näherung usw., wobei man im allgemeinen schon nach der ersten Näherung abbrechen kann.

Als letzte Frage bleibt dabei aber noch zu klären, wie man für eine vorgegebene Raumladungsdichte die Potentialverteilung bestimmen kann.

Die analytische Behandlung geht von der Lösung der sogenannten POISSONschen Gleichung

$$\Delta U = -\frac{4\pi}{\varepsilon_v}\varrho \qquad (11.29)$$

aus, die man analog zur LAPLACE-Gleichung leicht aus den MAXWELLschen Gleichungen ableitet (vgl. Teil I, Abschnitt 2.3.).

Beim Widerstandsnetzwerk kann man die Raumladung durch Ströme geeigneter Stärke berücksichtigen, die man an den einzelnen Knotenpunkten zusätzlich einspeist. Entsprechende Maßnahmen lassen sich auch bei der Gummimembranmethode (zusätzliche Verformungen der Membran) und dem ebenen elektrolytischen Trog (Veränderung der Dicke der Elektrolytschicht durch geeignete Paraffinberge am Boden des Troges) durchführen.

Wir wollen aber hier aus Raumgründen nicht näher auf Details eingehen, sondern zum Abschluß die Stromverteilung zwischen einem positiv vorgespannten Gitter und der Anode einer Elektronenröhre qualitativ diskutieren. Das Gitter (vgl. Abb. 11.8*a*) kann dabei sowohl das Schirmgitter einer Pentode als auch das Steuergitter einer Triode sein. Abb. 11.8*b* zeigt das Verhältnis des Anodenstromes I_a zum Katodenstrom I_k als Funktion von

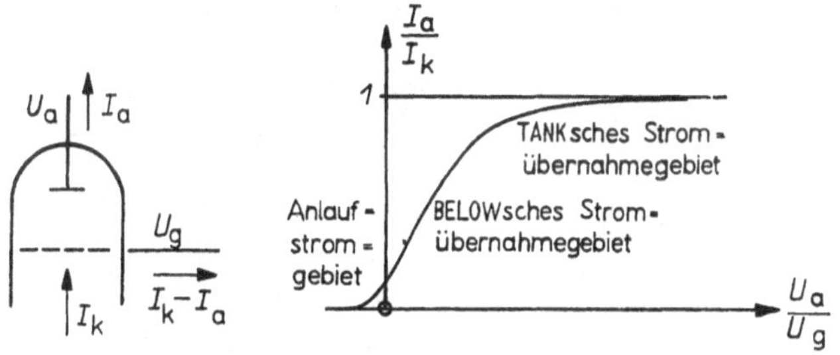

Abb. 11.8. Stromverteilung zwischen Gitter und Anode einer Elektronenröhre
a) Ströme und Spannungen; *b)* I_a/I_k als Funktion von U_a/U_g

U_a/U_g, wobei U_a die Anodenspannung und U_g die Gitterspannung bezeichnet.

Abgesehen vom Anlaufstromgebiet für $U < 0$, kann man zwei Bereiche unterscheiden, nämlich das Gebiet, in dem eine starke Zunahme von I_a/I_k zu verzeichnen ist, das sogenannte BELOWsche Stromübernahmegebiet, das von Null bis $U_a/U_g \approx 0{,}1$ reicht, und das anschließende TANKsche Stromübernahmegebiet, in dem I_a/I_k nahezu konstant ist.

Die experimentellen Befunde lassen sich durch die beiden Beziehungen

$$\frac{I_a}{I_k} = C_B \sqrt{\frac{U_a}{U_g}} \quad \text{(BELOW)} \tag{11.30}$$

bzw.

$$\frac{I_a}{I_k - I_a} = C_T \sqrt{\frac{U_a}{U_g}} \quad \text{(TANK)} \tag{11.31}$$

annähern, wobei C_B und C_T Konstanten sind, die nur von der Röhrengeometrie abhängen. Unter Vernachlässigung der Raumladung, der Austrittsgeschwindigkeit der Elektronen aus der Katode (und möglicher Sekundärelektronen) kann man für eine ebene Anordnung durch Berechnung der Potentialverteilung und anschließende Lösung der Bewegungsgleichung die Beziehung für das

Tab. 11.1 Technische Daten einer modernen HF-Pentode
HF-Pentode E F 80 (6,3 V Heizspannung, 0,3 A Heizstrom)

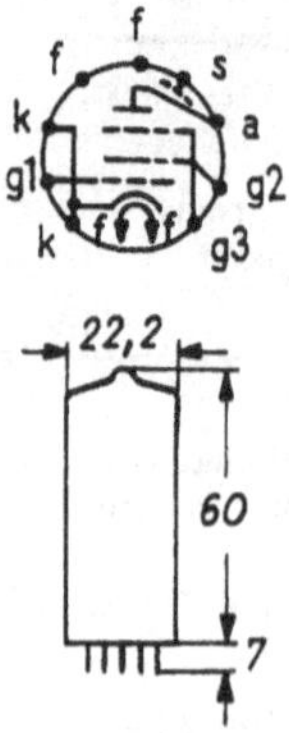

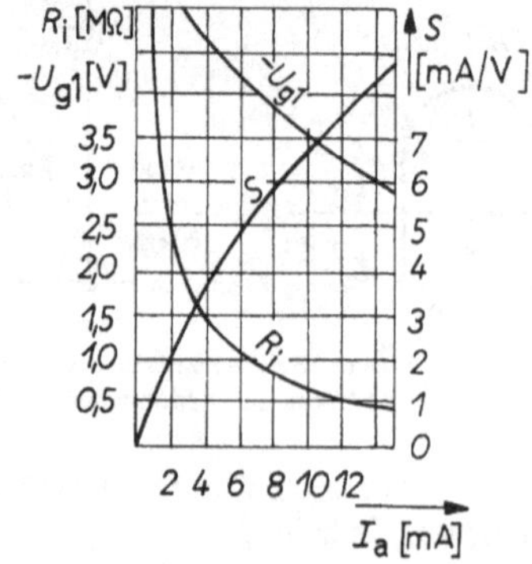

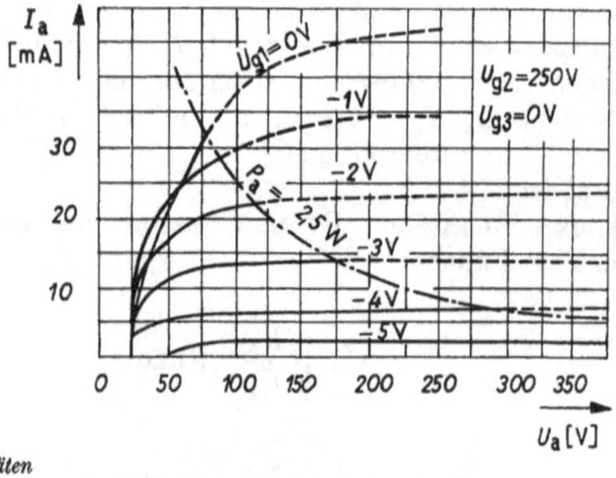

Kapazitäten

C_e	= 7,5 pF	Eingangskapazität
C_a	= 3,3 pF	Ausgangskapazität
C_{ak}	= 0,015 pF	Anode – Katode
$C_{g_1/a}$	= 0,008 pF	Gitter 1 – Anode
C_{g_1/g_2}	= 2,9 pF	Gitter 1 – Gitter 2

Statische Werte

U_a = 250 V Anodenspannung
U_{g_2} = 250 V Schirmgitterspannung
U_{g_1} = − 3,5 V Gittervorspannung
S = 6,8 mA/V Steilheit
R_i = 650 kΩ Innenwiderstand

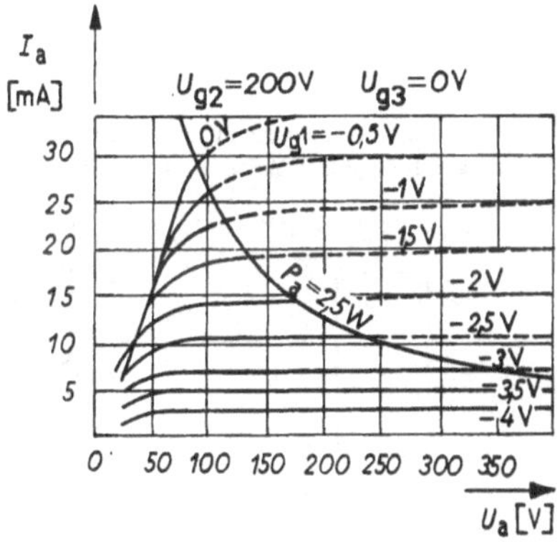

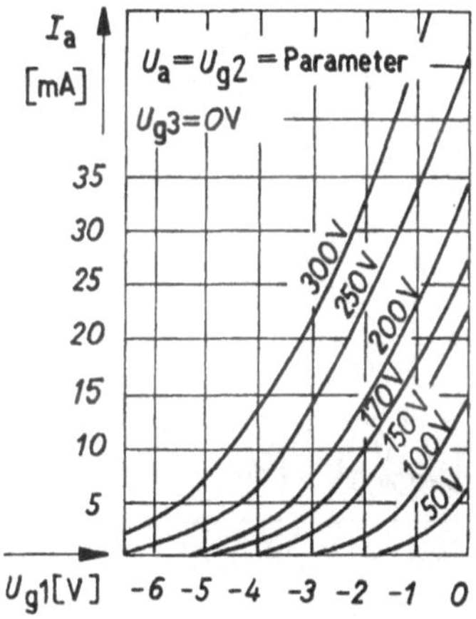

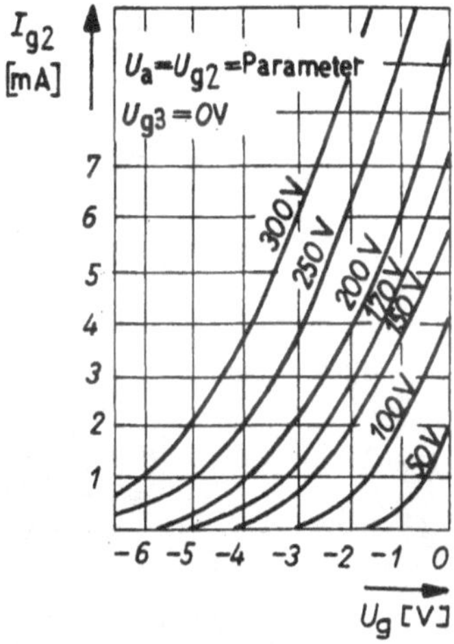

Grenzwerte

$U_{a\,max\,k}$ = $U_{g2\,max\,k}$	= 550 V	Anoden- bzw. Schirmgitterkaltspannung
$U_{a\,max}$ = $U_{g2\,max}$	= 300 V	Anoden- bzw. Schirmgitterspannung
$P_{a\,max}$	= 2,5 W	Anodenbelastung[1])
$P_{g2\,max}$	= 0,7 W	Schirmgitterbelastung[1])
$\bar{I}_{k\,max}$	= 15 mA	Katodenstrom
U_{g1e}	= − 1,3 V	Gitterstromeinsatz[1])
$U_{f/k\,max}$	= 150 V	Spannung zwischen Faden und Katode
$R_{f/k\,max}$	= 20 kΩ	äußerer Widerstand zwischen Faden und Katode[1])
$R_{g1\,max}$	= 1 MΩ	Gitterableitwiderstand[1]) bei Vorspannung durch Katodenwiderstand
	(0,5 MΩ)	(bei fester Vorspannung)

[1]) Bedeutung vgl. Tab. 10.1, S. 55.

Tabelle 11.2. **Technische Daten einer modernen Endpentode 12-W-Endpentode E L 84 (6,3 V Heizspannung, 0,76 A Heizstrom)**

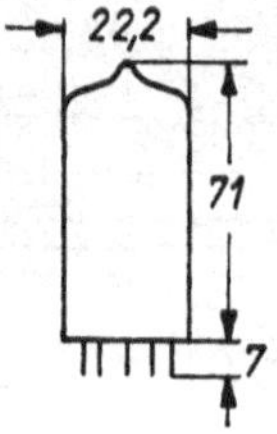

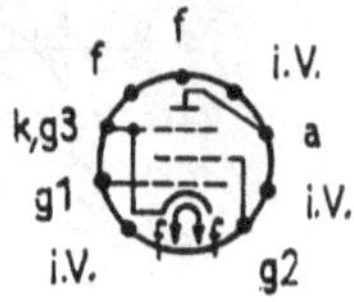

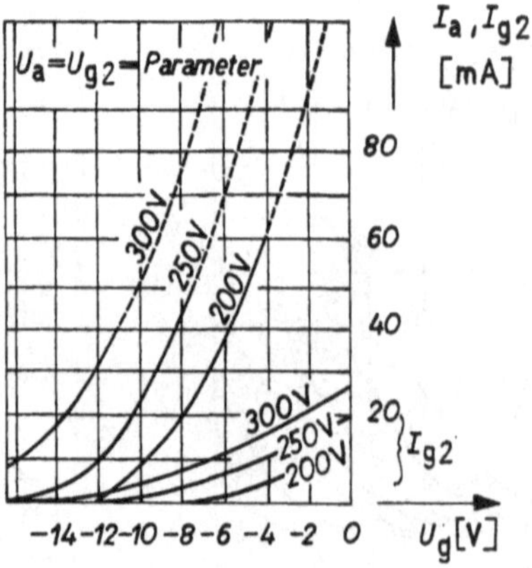

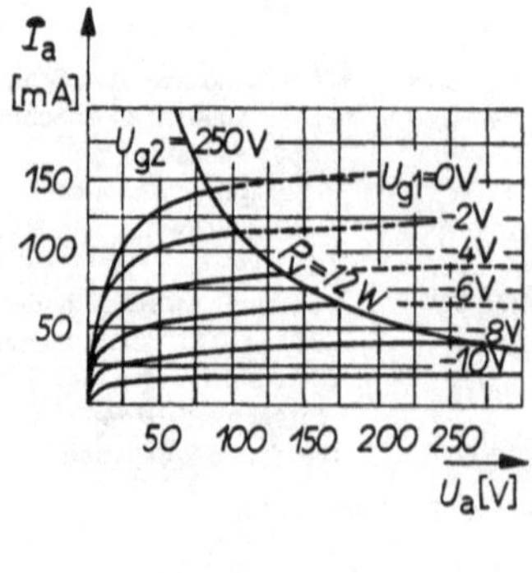

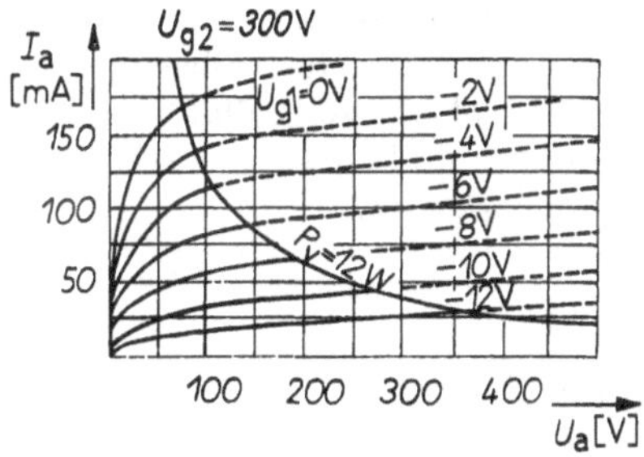

Kapazitäten

C_e	= 11 pF	Eingangskapazität
C_a	= 6,0 pF	Ausgangskapazität
$C_{g1/a}$	= 0,6 pF	Gitter 1 – Anode
$C_{g1/f}$ =	= 0,25 pF	Gitter 1 – Faden

Statische Werte

U_a	= 250 V	Anodenspannung
U_{g2}	= 250 V	Schirmgitterspannung
U_{g1}	= – 7,5 V	Gittervorspannung
S	= 11 mA/V	Steilheit
R_i	= 30 kΩ	Innenwiderstand

Grenzwerte

$U_{a\,max\,k} = U_{g2\,max\,k}$	= 550 V	Anoden- bzw. Schirmgitterkaltspannung
$U_{a\,max} = U_{g2\,max}$	= 300 V	Anoden- bzw. Schirmgitterspannung
$P_{v\,max}$	= 12 W	Anodenverlustleistung
$P_{g2\,max}$	= 2 W	Schirmgitterbelastung[1]) unausgesteuert
	(4 W)	(bei voller Aussteuerung)
$I_{k\,max}$	= 65 mA	Katodenstrom
$R_{g1\,max}$	= 1 MΩ	Gitterableitwiderstand (Gittervorspannungserzeugung nur mit Katodenwiderstand)
$U_{f/k\,max}$	= 100 V	Spannung zwischen Faden und Katode
$R_{f/k\,max}$	= 20 kΩ	äußerer Widerstand[1]) zwischen Faden und Katode
U_{g1e}	= – 1,3 V	Gitterstromeinsatz[1])

---

[1]) Bedeutung vgl. Tab. 10.1, S. 55.

BELOWsche Gebiet ableiten, während sich für das TANKsche Gebiet eine kompliziertere Gleichung ergibt, deren Verlauf durch Gl. (11.31) angenähert wird. Einzelheiten dieser Berechnungen finden sich in dem bekannten Werk von ROTHE und KLEEN [R 1].

12. Gasgefüllte Röhren

Die folgenden Betrachtungen beschränken sich auf einen kurzen Überblick über die Erscheinungen, die durch eine Gasfüllung der Röhren hervorgerufen werden. Insbesondere werden wir auch hier nicht auf technische Spezialentwicklungen (Senditron-, Ignitron-, Excitronröhren usw.) eingehen, sondern verweisen auf die technische Spezialliteratur.

12.1. Gasgehalt von Elektronenröhren. Ionisationsmanometer

Wir betrachten eine gewöhnliche Triode, deren Gitterspannung negativ sei. Sehen wir von einer möglichen Gitteremission (z. B. infolge Erwärmung des Gitters durch die benachbarte Katode, den lichtelektrischen Effekt oder durch die an der Anode erzeugten Röntgenstrahlen) ab, so erwarten wir auf Grund des Anlaufstromgesetzes den in Abb. 12.1 gestrichelt gezeichneten Verlauf für den Gitterstrom. Tatsächlich findet man aber eine Strom-Spannungs-Kennlinie (ausgezogene Kurve I_g in Abb. 12.1), die zunächst einen negativen Ast durchläuft.

Die Ursache für das Absinken des Gitterstromes mit wachsender Gitterspannung (das wie jede negative Kennlinie — vgl. Teil III, Abschnitt 19 — zu freien Schwingungen führen kann, wenn der parallel liegende Gitterableitwiderstand einen zu großen Wert besitzt, sog. Gaspfeifen

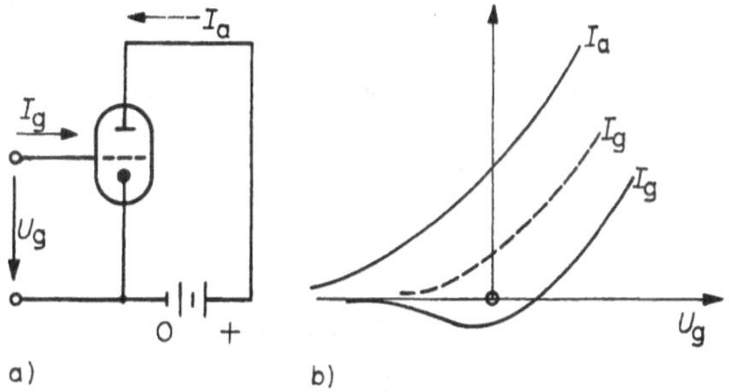

Abb. 12.1. Anodenstrom I_a und Gitterstrom I_g (nicht maßstabgerecht) einer Triode als Funktion der Gitterspannung
a) Schaltskizze; *b)* $I_a(U_g)$ und $I_g(U_g)$

älterer Röhren) ist ein Ionenstrom, der bei negativen Gitterspannungen den Anlaufstrom überwiegt. Dieser Strom besteht aus positiven Ionen, die bei der Stoßionisierung des in der Röhre befindlichen Restgases durch die zur Anode fliegenden Elektronen entstehen. Den bei hinreichend negativer Gitterspannung ($I_g \sim I_a$) gebildeten Quotienten I_g/I_a bezeichnet man als Vakuumfaktor der Röhre, da er ein Maß für den Druck des Restgases darstellt: Auf Grund des allgemeinen Gasgesetzes gilt

$$pV = nRT, \tag{12.1}$$

wobei p den Druck, V das Volumen, T die absolute Temperatur, R die allgemeine Gaskonstante und n die Anzahl der Mole des betrachteten Gases bezeichnet. Nennen wir ${}^1N$ die Anzahl der Gasmoleküle in der Volumeneinheit und beachten die Beziehung

$$R = N_A k \tag{12.2}$$

(k = Boltzmann-Konstante, N_A = Anzahl der Teilchen in einem Mol), so folgt

$${}^1N = \frac{n N_A}{V} = \frac{p}{kT}. \tag{12.3}$$

Der Wirkungsquerschnitt für die Ionisation eines Moleküls sei A_M. Dann ist, wenn wir einen Zylinder mit der Länge l und dem Querschnitt A betrachten, der von den Molekülen effektiv bedeckte Querschnitt (sofern ${}^1N A l$ keine zu große Zahl ist)

$$A_{eff} = A_M \, {}^1N A l, \tag{12.4}$$

und wir erhalten für die Wahrscheinlichkeit, mit der ein Elektron beim Durchlaufen der Strecke l ein Molekül ionisiert,

$$P = \frac{A_{eff}}{A} = A_M \, {}^1N l. \tag{12.5}$$

Andererseits muß aber

$$I_g = P I_a \tag{12.6}$$

gelten, da I_g gleich der Anzahl der in einer Sekunde ionisierten Moleküle ist, und es ergibt sich durch Vergleich der Beziehungen (12.6), (12.5) und (12.3) für den Vakuumfaktor

$$\frac{I_g}{I_a} = A_M \frac{p}{kT} l. \tag{12.7}$$

Durch Messung des Vakuumfaktors läßt sich also der Gasdruck berechnen (Prinzip des Ionisationsmanometers), und es gilt die Regel, daß bei einer brauchbaren Elektronenröhre der Vakuumfaktor den Wert 10^{-4} nicht überschreiten soll.

Aufgabe:

Wie groß ist der Restgasdruck in einer Röhre, deren Vakuumfaktor $2 \cdot 10^{-5}$ beträgt (Katoden-Anoden-Abstand 1 cm, $A_M = 5 \cdot 10^{-16}$ cm^2)?

Lösung: 10^{-6} Torr.

Auf Grund der zu Beginn dieses Abschnittes erwähnten möglichen Gitteremission (insbesondere infolge der Röntgenstrahlen) kann man aber mit Ionisationsmanometern nicht beliebig kleine Drücke messen. Die Grenze liegt bei etwa 10^{-9} Torr.

12.2. Thyratrons (Stromtore)

Thyratrons sind gasgefüllte Elektronenröhren, die im einfachsten Fall aus Anode, Gitter und einer geheizten Katode bestehen. Sobald die Steuerspannung $U_g + D U_a$ einen bestimmten positiven Wert überschreitet, zündet das Thyratron, d. h., der Anodenstrom wächst über alle Grenzen, sofern er nicht durch einen äußeren Widerstand im Anoden- bzw. Katodenkreis begrenzt wird. Ein Löschen des Thyratrons ist, abgesehen von Spezialtypen (bei denen sich die Entladung nur zwischen Gitter und Anode ausbildet), nur durch Erniedrigung der Anodenspannung unter die sogenannte Löschspannung möglich, da das Gitter sofort nach dem Zünden seine Steuerwirkung verliert. Eine Verringerung der Gitterspannung würde lediglich eine Erhöhung des Ionenstromes zum Gitter (positive Ionen) bewirken, die schließlich zur Zerstörung des Gitters führen kann. Die wichtigsten Kenngrößen eines Thyratrons sind:

1. die Löschspannung (s. oben),

2. die Kennlinie, die alle U_a- U_g-Werte miteinander verbindet, für die das Thyratron gerade zündet,

3. die Ionisierungszeit, d. h. die Zeit, die zwischen dem Anlegen der Zündspannung (U_g oder U_a) und dem Einsetzen der Zündung vergeht ($10^{-7} \ldots 10^{-6}$ s mit statistischen Schwankungen von der Größenordnung $10^{-9} \ldots 10^{-8}$ s),

4. die Entionisierungszeit, das ist die Zeit, die nach Löschen der Entladung vergehen muß, bis das Thyratron wieder einsatzbereit ist (etwa $5 \cdot 10^{-4} \ldots 5 \cdot 10^{-3}$ s, u. a. abhängig vom Entladungsstrom),

5. der maximale Anodenstrom $I_{a\,max}$,

6. der maximale Mittelwert des Anodenstromes $\bar{I}_{a\,max}$ und die (maximale) Integrationszeit t_I.

Auf Grund der letztgenannten Kenngrößen muß der Anodenstrom $I_a(t)$ des Thyratrons für beliebige t den Bedingungen

$$I_a(t) \leqq I_{a\,max}; \quad \int_t^{t+t_I} I_a(t')\,dt' \leqq \bar{I}_{a\,max}\, t_I \tag{12.8}$$

genügen, und damit ist beispielsweise für ein Thyratron mit $\bar{I}_{a\,max} = 0{,}1$ A, $I_{a\,max} = 0{,}5$ A, $t_I = 30$ s die in der folgenden Skizze gezeigte Belastung nicht erlaubt.

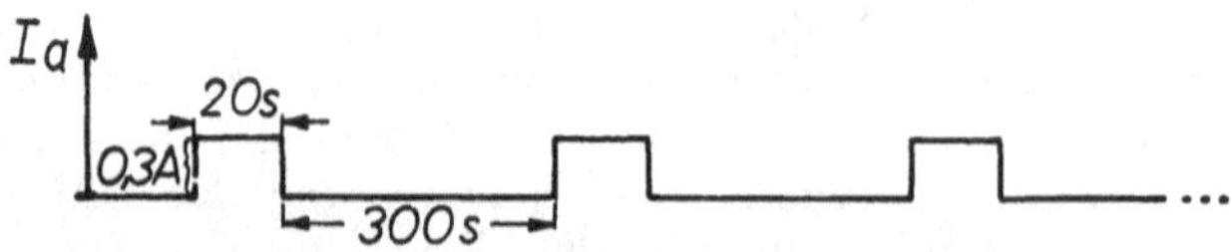

Als Gasfüllung verwendet man Quecksilberdampf [Nachteile: temperaturabhängige Kennlinie, hohe Entionisierungszeit (1 ms), Einbau nur mit tiefliegendem Sockel, mehrere Minuten Anheizzeit; Vorteil: längere Lebensdauer] oder Wasserstoff und Edelgase [Vorteile: Kennlinie praktisch temperaturunabhängig, kurze Entionisierungszeit (einige Mikrosekunden)]. Außer den Dreielektrodenthyratrons verwendet man auf Grund der folgenden Vorteile häufig auch Thyratrons mit einem zusätzlichen Schirmgitter:

1. Durch das Schirmgitter verringert sich der Steuergitterstrom im nichtleitenden Zustand auf wenige Mikroampere. Dies ist besonders vorteilhaft bei einem hohen

Gitterableitwiderstand, an dem sonst eine merkliche Vorspannung erzeugt wird, die den Arbeitspunkt verschieben kann.

2. Durch die Verkleinerung der Anoden-Steuergitter-Kapazität wird die Rückwirkung des Anodenkreises auf das Steuergitter verringert.

3. Mit dem Potential des Schirmgitters läßt sich die Kennlinie des Thyratrons verschieben, was z. B. bei Parallelschaltung von Bedeutung sein kann.

Für die Anwendung von Thyratrons ist zu beachten, daß ein Schutzwiderstand sowohl im Gitterkreis (10 ... 50 kΩ) als auch in der Anoden- bzw. Katodenzuleitung (Berechnung aus $\bar{I}_{a\,max}$ und $\bar{U}_a$) vorhanden sein muß, um die entsprechenden Ströme zu begrenzen. Auf spezielle Schaltungen wollen wir hier nicht näher eingehen, sondern erwähnen lediglich die Möglichkeit zur Erzeugung von Impulsen hoher Amplitude durch Ansteuern des Gitters mit Impulsen geringerer Amplitude, die Erzeugung von Kippspannungen (vgl. Abb. 12.2*a*), die

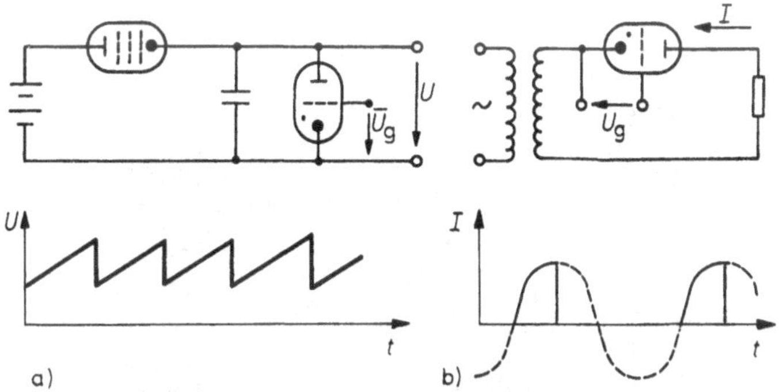

Abb. 12.2. Einfache Anwendungsbeispiele für Thyratrons
a) zur Erzeugung von Kippspannungen (die Pentode kann im Prinzip durch einen ohmschen Widerstand ersetzt werden, wobei allerdings dann $U(t)$ nicht linear, sondern exponentiell ansteigt); *b*) als gesteuerter Gleichrichter (U_g kann dabei entweder eine Gleichspannung oder eine Wechselspannung gleicher Frequenz, aber regelbarer Phase sein)

Steuerung von Gleichrichterschaltungen durch das Gitter des Thyratrons (vgl. Abb. 12.2*b*) mit Gleichspannung (sog. „Vertikalsteuerung") oder mit Wechselspannung gleicher Frequenz durch Verschiebung der Phase (sog. „Horizontalsteuerung") und die Messung von Impulsamplituden, wobei die Gittervorspannung so gewählt wird, daß der zu messende Impuls gerade noch das Thyratron zündet.

12.3. Glimmröhren

Ohne auf die Theorie der Gasentladungen näher einzugehen (vgl. z. B. [D 1], [E 1]), sei zunächst ein grober Überblick über die Strom-Spannungs-Charakteristik einer Gasentladung zwischen (ungeheizten) Elektroden gegeben. In Abb. 12.3 ist schematisch die Abhängigkeit des Stromes von der anliegenden Spannung (in doppeltlogarithmischem Maßstab) dargestellt.

Im ersten Gebiet (Dunkelentladung, TOWNSEND-Entladung) spielen die Raumladungen noch keine Rolle. Die Kennlinie gehorcht zunächst dem OHMschen Gesetz

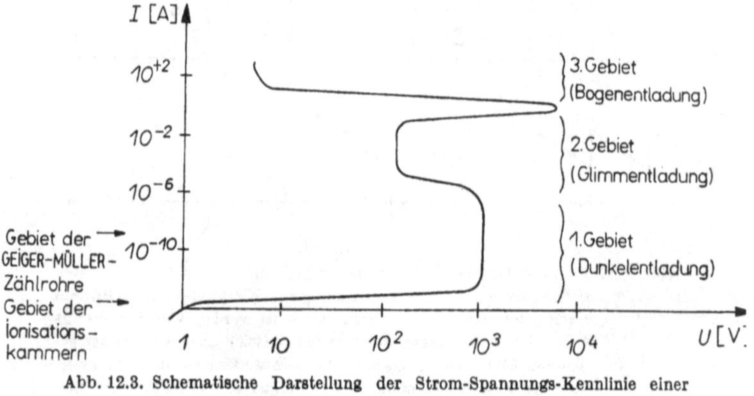

Abb. 12.3. Schematische Darstellung der Strom-Spannungs-Kennlinie einer Gasentladung

(Verhältnisse analog zur Stromleitung in Elektrolyten), geht dann in ein Sättigungsgebiet über (alle fremderzeugten Ionen werden abgesaugt) und steigt schließlich infolge Stoßionisation stark an. Durch die hierbei anwachsende Zahl von Ladungsträgern beginnt die Raumladung den Feldverlauf und damit den Entladungsmechanismus zu bestimmen (2. Gebiet, Glimmentladung). Die Trägernachlieferung erfolgt dabei ausschließlich durch die Stoßionisation, und thermische Effekte spielen noch keine Rolle. Mit weiterer Erhöhung des Stromes werden jedoch immer mehr Ladungsträger durch thermische Ionisierung im Gasraum und thermische Elektronenemission an der Katode erzeugt, und die Entladung geht in eine Bogenentladung (3. Gebiet) über.

Charakteristisch für das Gebiet der Glimmentladung ist der Potentialverlauf, der unmittelbar vor der Katode (im sog. HITTORFschen Dunkelraum) einen starken Anstieg zeigt und dann bis zur Anode im wesentlichen konstant bleibt (bis auf den sogenannten Anodenfall, der aber viel kleiner ist und bei geringem Druck oder kurzen Entladungsstrecken überhaupt fehlt). Dieser sogenannte Katodenfall ist nur von der Art des Gases und dem Katodenmaterial abhängig, während der Gasdruck keinen Einfluß besitzt. In Tab. 12.1 ist der Katodenfall für einige Gase und Katodenmaterialien angegeben.

Tabelle 12.1. Katodenfall in Volt für einige Gase und Katodenmaterialien

	Ba	Mg	Fe	Pt
He	73	117	157	204
Ne	69	110	147	191
Ar	76	124	165	215
H_2	–	–	246	323

Zeichnen wir das Gebiet der Glimmentladung gemäß Abb. 12.3 in linearer Darstellung, wobei wir noch Abszisse und Ordinate vertauschen, so ergibt sich die Strom-Spannungs-Kennlinie nach Abb. 12.4.

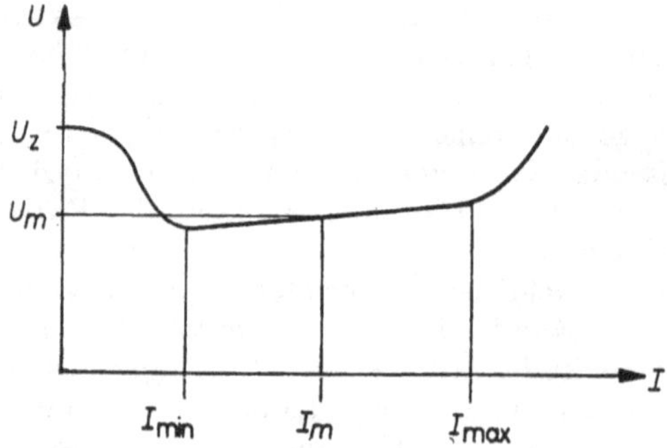

Abb. 12.4. Strom-Spannungs-Charakteristik der Glimmentladung in linearer Darstellung

Solange also die Spannung U kleiner als die Zündspannung U_z (vgl. Abb. 12.4) ist, fließt kein nennenswerter Strom, und erst nach Überschreiten von U_z wächst der Strom lawinenartig an. Hierauf beruht die Anwendung der Glimmlampen zur Kippspannungserzeugung analog zu Abb. 12.2, wo das Thyratron durch eine Glimmlampe ersetzt werden kann.

Das wichtigste Anwendungsgebiet der Glimmlampen ist aber die Stabilisierung von Gleichspannungen. Für Ströme zwischen I_{min} und I_{max} (vgl. Abb. 12.4) ändert sich die Brennspannung nur sehr wenig, und wir schreiben für diesen Bereich

$$U = U_m + R_w(I - I_m), \tag{12.9}$$

wobei R_w eine Konstante ist, die aus ersichtlichen Gründen Innenwiderstand oder differentieller Widerstand der Glimmentladung genannt wird. Er liegt in der Größenordnung von $10 \ldots 500\,\Omega$, während U_m technischen Datenblättern bzw. Tab. 12.1 entnommen werden kann.

Zur Stabilisierung einer Gleichspannung U_B verwendet man im einfachsten Fall die in Abb. 12.5 gezeigte Schaltung. R_v ist dabei der Verbraucherwiderstand, an dem die stabilisierte Spannung abfallen soll, und R ein

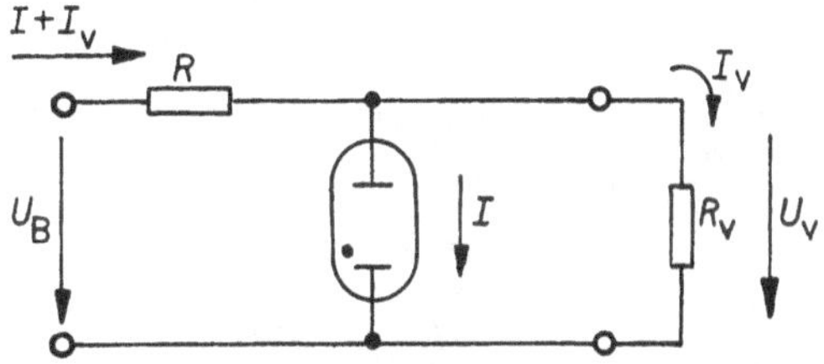

Abb. 12.5. Einfache Schaltung zur Stabilisierung der Gleichspannung U_B unter Verwendung einer Glimmlampe

Widerstand, der gewissen Bedingungen genügen muß: Es gilt zunächst

$$U_B = RI(U_v) + \frac{R}{R_v} U_v + U_v \tag{12.10}$$

oder, wenn wir mit x eine der variablen Größen (z. B. U_B, R_v usw.) bezeichnen,

$$\frac{\mathrm{d}U_B}{\mathrm{d}x} = \frac{\mathrm{d}R}{\mathrm{d}x} I(U_v) + R \frac{\mathrm{d}I}{\mathrm{d}U_v} \frac{\mathrm{d}U_v}{\mathrm{d}x} + \frac{U_v}{R_v} \frac{\mathrm{d}R}{\mathrm{d}x} - {}$$
$$- R U_v \frac{1}{R_v^2} \frac{\mathrm{d}R_v}{\mathrm{d}x} + \frac{R}{R_v} \frac{\mathrm{d}U_v}{\mathrm{d}x} + \frac{\mathrm{d}U_v}{\mathrm{d}x}. \tag{12.11}$$

Beachten wir die Beziehung $\mathrm{d}I/\mathrm{d}U_v = R_w^{-1}$ und lösen nach $\mathrm{d}U_v/\mathrm{d}x$ auf, so folgt

$$\frac{\mathrm{d}U_v}{\mathrm{d}x} = \left\{1 + \frac{R}{R_v} + \frac{R}{R_w}\right\}^{-1}$$
$$\left(\frac{\mathrm{d}U_B}{\mathrm{d}x} - \left(I + \frac{U_v}{R_v}\right) \frac{\mathrm{d}R}{\mathrm{d}x} + \frac{R U_v}{R_v^2} \frac{\mathrm{d}R_v}{\mathrm{d}x}\right) \tag{12.12}$$

oder für $x = U_B$

$$\frac{\mathrm{d}U_v}{\mathrm{d}U_B} = \left\{1 + \frac{R}{R_v} + \frac{R}{R_w}\right\}^{-1} \approx \frac{R_w}{R},$$

für $x = R_v$

$$\frac{\mathrm{d}U_v}{\mathrm{d}R_v} = \left\{1 + \frac{R}{R_v} + \frac{R}{R_w}\right\}^{-1} R \frac{U_v}{R_v^2} \approx \frac{U_v}{R_v}\frac{R_w}{R_v},$$

für $x = R$

$$\frac{\mathrm{d}U_v}{\mathrm{d}R} = -\left\{1 + \frac{R}{R_v} + \frac{R}{R_w}\right\}^{-1} \left(I + \frac{U_v}{R_v}\right)$$

$$\approx -\,(I + I_v)\,\frac{R_w}{R}.$$

Man erkennt, daß sich insbesondere Schwankungen der Spannung U_B um den Faktor R_w/R verringern. Es sollte also R möglichst groß gewählt werden. Dies ist aber nicht ohne Einschränkungen möglich, da R noch zwei Bedingungen erfüllen muß:

1. R ist so zu wählen, daß der Arbeitspunkt in der Mitte der Kennlinie (U_m, I_m, vgl. Abb. 12.4) liegt.

2. Im gelöschten Zustand muß die Spannung an der Glimmlampe größer als U_z sein (obere Grenze für R).

Eine Hintereinanderschaltung mehrerer Glimmlampen zur Stabilisierung höherer Spannungen ist ohne weiteres möglich (dabei addieren sich natürlich die Innenwiderstände R_w), eine Parallelschaltung zur Erzielung eines höheren Querstromes I_m wegen der Streuung von U_m für die einzelnen Exemplare dagegen nicht. Auf die Eigenschaften und Anwendungsmöglichkeiten von speziellen Glimmlampen (Kaltkatodenthyratrons usw.) können wir hier nicht näher eingehen und verweisen auf die Spezialliteratur [R 2].

Stichwort- und Literaturverzeichnis

In dieser Zusammenstellung werden vorzugsweise Buchveröffentlichungen zitiert.

Die Spalten A—D haben folgende Bedeutung:

A: Seitenzahl des vorliegenden Buches für das entsprechende Stichwort
B: Werke zur Information, Einführungen
C: grundlegende Werke
D: technische Anwendungen, Berechnungsgrundlagen

	A	B	C	D
Elektrometerröhren		[R 1]	[S 7]	[K 3], [B 5], [P 4]
Elektronenbahnen	59	[Z 3]	[R 1], [S 5]	
Elektronenemission, quantenmechanische Behandlung	29		[M 4]	
—, thermische		[M 4]	[S 5], [F 2]	[D 3], [S 1]
Elektronenoptik			[R 1], [S 5]	
Elektronenstrahlröhre				[B 5]
Enneode				[B 5]
Entartung	13			
Entionisierungszeit	81			[H 5]
Entladungs-Blitzlampe				[B 5]
Erholzeit				[B 5]
Ersatzdiode	47		[R 1]	
Erwartungswert	7		[L 4]	
Excitron		[Z 3]		[K 4], [B 5]
Feldemission			[F 2]	[S 1]
Fermionen	23			
FERMIsche Grenzenergie	22	[J 1]		
FERMI-Statistik	14	[M 4]	[L 3]	
Fokussierung				[B 5], [C 2]
Gasentladungstheorie			[D 1], [E 1], [F 2], [F 3]	
gasgefüllte Röhren	84	[Z 3]	[F 2], [F 3]	[A 2], [C 1], [R 2], [K 4], [D 3], [S 1]
Gasgehalt von Elektronenröhren	78		[M 4]	[S 1]
Gaspfeifen	79	[M 4]		
Gastetrode		[S 5]		[B 5]
Gastriode		[S 5]		[B 5]
GAUSSsches Fehlerintegral	41	[R 1]	[L 3]	
GEIGER-MÜLLER-Zählrohr			[F 5]	[B 5]
Geschwindigkeitsverteilung	24	[M 4], [R 1]		
Getter		[R 1]		[M 2a]
GIBBSsche Statistik	6		[L 3]	
Gitterableitwiderstand	55	[R 1]		
Gitterbauformen		[M 4], [R 1]		
Gitteremission	78		[R 1]	
Gitterspannung, störungslose	48		[R 1]	
Gitterstromeinsatz	35		[R 1]	

	A	B	C	D
Wellenfunktion	7		[B 4], [L 4]	
Widerstandsnetzwerk	62			
Zählrate				[B 5]
Zählröhren				[R 2], [H 5]
Ziffernanzeigeröhren				[B 5], [H 5], [R 2], [K 4]
Zündelektrode				[B 5]
Zündkennlinie				[B 5], [*]
Zündspannung	81, 86			[H 5], [R 2]
Zwischenschichtwiderstand		[M 2b]		

[A 1] Acton, J. R., und J. D. Swift: Cold Cathode Discharge Tubes. Academic Press, New York 1963.

[A 2] Apel, K.: Elektronische Zählschaltungen. Franckh'sche Verlagshandlung, Stuttgart 1961.

[B 1] Becker, R., und F. Sauter: Theorie der Elektrizität, Bd. 2. B. G. Teubner Verlagsgesellschaft, Stuttgart 1963.

[B 2] Barkhausen, H.: Lehrbuch der Elektronenröhren und ihrer technischen Anwendungen, Bd. 1. Hirzel-Verlag, Leipzig 1960.

[B 3] Beier, W.: Röhrentaschenbuch, Bd. 1 und 2. VEB Verlag Technik, Berlin 1963.

[B 4] Blochinzew, D. I.: Grundlagen der Quantenmechanik. VEB Deutscher Verlag der Wissenschaften, Berlin 1963.

[B 5] Bitterlich, W.: Einführung in die Elektronik. Springer-Verlag, Wien 1967.

[C 1] Cubasch, E.: Spezialröhren, Eigenschaften und Anwendungen. Verlag für Radio-Foto-Kinotechnik, Berlin 1960.

[C 2] Czech, J.: Oszillographenmeßtechnik. Verlag für Radio-Foto-Kinotechnik, Berlin 1959.

[C 3] Carter, H., und M. Donker: Photoelektronische Bauelemente. Deutsche Philips GmbH, Hamburg 1965.

[D 1] Dosse, R., und W. Mierdel: Der elektrische Strom im Hochvakuum und in Gasen. Hirzel-Verlag, Leipzig 1945.

[D 2] Durand, M.: Kaltkatodenthyratrons. Deutsche Philips GmbH, Hamburg 1965.

[D 3] Davis, W. L., und H. R. Weed: Grundlagen der Elektronik (Übers. aus dem Engl.). Berliner Union, Stuttgart 1964.

[D 4] Deketh, J.: Grundlagen der Radioröhrentechnik. Deutsche Philips GmbH, Hamburg 1950.

[E 1] Engel, A. von, und M. Steenbeck: Elektrische Gasentladungen. Springer-Verlag, Berlin 1932 und 1934.

[E 2] Eckart, F.: Elektronenoptische Bildwandler und Röntgenbildverstärker. J. A. Barth Verlag, Leipzig 1956.

[F 1] Fricke, H. W.: Der Katodenstrahloszillograph. Fachbuchverlag, Leipzig 1953.

[F 2] Flügge, S., ed.: Handbuch der Physik, Bd. 21: Elektronenemission, Gasentladungen I. Springer-Verlag, Berlin 1956.

[F 3] Flügge, S., ed.: Handbuch der Physik, Bd. 22: Gasentladungen II. Springer-Verlag, Berlin 1957.

[F 4] Fünfer, E., und H. Neuert: Zählrohre und Szintillationszähler. Braun Verlag, Karlsruhe 1949.

[G 1] Görlich, P.: Die Fotozellen. Akademische Verlagsgesellschaft Geest & Portig, Leipzig 1964.

[H 1] Herrmann, G., und S. Wagener: Die Oxydkathode, Bd. 1 und 2. Barth-Verlag, Leipzig 1948 und 1950.

[H 2] Hartmann, W., und F. Bernhard: Fotovervielfacher und ihre Anwendung in der Kerntechnik. Akademie-Verlag, Berlin 1957.

[H 3] Holzmüller, W.: Technische Physik, Bd. II/2. B. G. Teubner Verlagsgesellschaft, Leipzig 1966.

[H 4] Heyboer, P. J., und P. Zijlstra: Senderöhren. Deutsche Philips GmbH, Hamburg 1952.

[H 5] Hübner, R : Kaltkatodenrelaisröhren und Dekadenzählröhren. Hürthig-Verlag, Heidelberg 1965.

[J 1] Joos, G.: Lehrbuch der theoretischen Physik. Akademische Verlagsgesellschaft Geest & Portig, Leipzig 1959.

[K 1] Kammerloher, J.: Hochfrequenztechnik, Teil 2: Elektronenröhren und Verstärker. C. F. Winter'sche Verlagshandlung, Füssen/Allgäu 1957.

[K 2] Küpfmüller, K.: Einführung in die theoretische Elektrotechnik. Springer-Verlag, Berlin 1957.

[K 3] Kulp, M.: Elektronenröhren und ihre Schaltungen. Vandenhoek & Ruprecht, Göttingen 1958.

[K 4] Kretzmann, R., ed.: Handbuch der Elektronik. Verlag für Radio-Foto-Kinotechnik, Berlin 1968.

[K 5] Köhler, H.: Elektronen- und Ionenröhren. Franckh'sche Verlagshandlung, Stuttgart 1963.

[K 6] KIRCHNER, N.: Gasentladungsröhren, Deckers Verlag, Hamburg 1961.

[K 7] KLOPOW, A J., und P NEIDHARDT: Grundlagen der Fernsehtechnik. VEB Verlag Technik, Berlin 1956.

[K 8] KNOLL, M., und W. HARTH: Ladungsspeicherröhren. In: Fortschritte der Hochfrequenztechnik, Bd. 5. Akademische Verlagsgesellschaft, Frankfurt/Main 1960.

[L 1] LIEBMANN, G.: Electrical Analogues. Brit. J. appl. Phys. **4** (1953) 193.

[L 2] LANGE, H.: Funktechnische Nomogramme. Fachbuchverlag, Leipzig 1959.

[L 3] LANDAU, L. D., und E. M. LIFSCHITZ: Statistische Physik. Akademie-Verlag, Berlin 1966.

[L 4] LANDAU, L. D., und E. M. LIFSCHITZ: Quantenmechanik. Akademie-Verlag, Berlin 1967.

[M 1] MIE, K.: Das SCHOTTKY-LANGMUIRsche Entladungsgesetz in einem neuen Bezugssystem für kleine Elektrodenabstände. Z. Hochfrequenz- und Elektroakustik **66** (1957) 1—11.

[M 2] MEINKE, H., und F. W. GUNDLACH ed.: Taschenbuch der Hochfrequenztechnik. Springer-Verlag, Berlin 1962.
a BRÜCK, L. (L. 1—6),
b KLEEN, W. (L. 7—39),
c KLEEN, W., und K. PÖSCHL (T.).

[M 3] MIKOLAJCZYK, P., und B. PASZKOWSKI: Elektronik Universal Vade-mecum. Panstwowe wydawnictwa techniczne, Warszawa 1964.

[M 4] MÖLLER, H. G.: Die physikalischen Grundlagen der Hochfrequenztechnik. Springer-Verlag, Berlin 1955.

[M 5] MILLNER, R.: Katodenstrahl-Oszillografen. VEB Verlag Technik, Berlin 1969.

[O 1] ORANJE, P. J.: Grundlagen, Anwendungen, Eigenschaften von Gasentladungslampen. Deutsche Philips GmbH, Hamburg 1961.

[P 1] PHILLIPOW, E., ed.: Taschenbuch Elektrotechnik, Bd. 1. VEB Verlag Technik, Berlin 1963.

[P 2] PITSCH, H.: Lehrbuch der Funkempfangstechnik, Bd. 1 und 2. Akademische Verlagsgesellschaft Geest & Portig, Leipzig 1963 und 1964.

[P 3] PITSCH, H.: Hilfsbuch für die Funktechnik. Akademische Verlagsgesellschaft Geest & Portig, Leipzig 1957.

[P 4] PHILIPPOW, E., ed.: Taschenbuch Elektrotechnik, Bd. 3. VEB Verlag Technik, Berlin 1968.

[P 5] Penning, F. M.: Elektrische Gasentladungen. Deutsche Philips GmbH, Hamburg 1961.

[R 1] Rothe, H., und W. Kleen: Hochvakuumelektronenröhren, Bd. 1. Akademische Verlagsgesellschaft, Frankfurt/Main 1955; Rothe, H., und W. Kleen: Grundlagen und Kennlinien der Elektronenröhren. Akademische Verlagsgesellschaft Geest & Portig, Leipzig 1948.

[R 2] Rumpf, K. H.: Bauelemente der Elektronik. VEB Verlag Technik, Berlin 1968.

[R 3] Rint, C., und K. Kretzer ed.: Handbuch für Hochfrequenz- und Elektrotechniker, Bd. 1, 2 und 4. Verlag für Radio-Foto-Kinotechnik, Berlin 1952 und 1953.

[R 4] Rider, J. F., und S. D. Uslan: Encyclopedia on Cathode Ray Oszilloscopes. Rider Publ., New York 1959.

[R 5] Rodenhuis, E.: Röhren für Batterieempfänger. Deutsche Philips GmbH, Hamburg 1961.

[S 1] Schaposchnikow, A. A.: Elektronen- und Ionenröhren (Übers. aus dem Russ.). VEB Verlag Technik, Berlin 1961.

[S 2] Schröter, F., ed.: Fernsehtechnik, 2 Bde. Springer-Verlag, Berlin 1963.

[S 3] Schröter, F., und J. Schloemilch: Glimmlampen, Glimmstrecken und ihre Schaltungen. Hochmeister & Thal, Leipzig 1939.

[S 4] Simonyi, K.: Theoretische Elektrotechnik. VEB Deutscher Verlag der Wissenschaften, Berlin 1968.

[S 5] Strutt, M. J. O.: Elektronenröhren. Springer-Verlag, Berlin 1957.

[S 6] Swenne, C. M.: Thyratrons. Philips Technische Bibliothek, Eindhoven 1961.

[S 7] Schintlmeister, D. J.: Die Elektrometerröhre als physikalisches Meßgerät. Springer-Verlag, Wien 1942.

[S 8] Schröder, H.: Elektrische Nachrichtentechnik, Bd. 2. Verlag für Radio-Foto-Kinotechnik, Berlin 1963.

[T 1] Townsend, J. S.: Electricity in Gases. Clarendon Press, New York 1915.

[V 1] Vilbig, F.: Lehrbuch der Hochfrequenztechnik, Bd. 1 und 2. Akademische Verlagsgesellschaft, Frankfurt/Main 1958.

[W 1] Wallot, J.: Einführung in die Theorie der Schwachstromtechnik. Springer-Verlag, Berlin 1948.

[W 2] Weiss, A. von: Übersicht über die theoretische Elektrotechnik, 2 Bde. Akademische Verlagsgesellschaft Geest & Portig, Leipzig 1961.

[Z 1] Ziel, A. van der: Solid State Physical Electronics. MacMillan & Co. Ltd., London 1958.

[Z 2] Zarew, B. M.: Berechnung und Konstruktion von Elektronenröhren (Übers. aus dem Russ.). VEB Verlag Technik, Berlin 1955.

[Z 3] Zinke, O., und H. Brunswig: Lehrbuch der Hochfrequenztechnik. Springer-Verlag, Berlin 1965.

[*] Handbuch Elektronische Bauelemente. VVB Bauelemente und Vakuumtechnik, Berlin 1965.

Inhaltsverzeichnis der weiteren Bände

Teil I: Theorie linearer Bauelemente

Teil III: Schaltungen mit Elektronenröhren

Teil IV: Leitungen und Antennen

Der Verfasser

- **geht aus von der Boltzmann-, Bose- und Fermi-Statistik als Grundlage für die Untersuchung der Vorgänge in der Elektronenröhre**

- **befaßt sich mit dem Sättigungsstrom- und Anlaufstromgesetz für Elektronenröhren**

- **erläutert das wichtige Raumladungsgesetz für Elektronenröhren**

- **geht näher auf Trioden und gasgefüllte Röhren, insbesondere Thyratrons (Stromtore) und Glimmröhren, ein**

Schaltungen mit Elektronenröhren werden im Teil III behandelt

WISSENSCHAFTLICHE TASCHENBÜCHER

FSC
www.fsc.org
MIX
Papier | Fördert
gute Waldnutzung
FSC® C083411

Zeitfracht Medien GmbH
Ferdinand-Jühlke-Straße 7
99095 Erfurt, Deutschland
produktsicherheit@kolibri360.de

Kleinod im Atlantik

Jersey ist die größte und mit über 100.000 Einwohnern bevölkerungsreichste Kanalinsel. Sie liegt in direkter Nachbarschaft zur französischen Küste am Südrand des Ärmelkanals. Die Urlauber finden hier ein mildes Klima und eine üppige Pflanzenwelt vor. Der vorbeiziehende Golfstrom wirkt sich positiv auf das Klima der Inseln aus. Eindrucksvoll und wunderschön sind die Landschaften Jerseys: sensationelle Steilküsten, endlose Sandstrände, ein Meer aus Dünen und vieles mehr. Zu all dem gesellt sich die Dramatik der großen Gezeitenunterschiede. So trifft man im Süden auf ein kilometerlanges Felsenwatt, das man bei Ebbe durchwandern kann. Mitten im Watt stehen Aussichtstürme, die teils besucht werden können, und breiten sich Austernbänke aus, an denen man vorbeispaziert. Im Norden dagegen beherrscht eine eindrucksvolle Steilküste das Landschaftsbild. Gerade dieser Küstenabschnitt lädt zum Wandern, zum Kajakfahren und zu weiteren Outdoor-Aktivitäten ein.

Man merkt der Insel den französischen Einfluss vergangener Jahrhunderte an. Nicht nur die Straßennamen sind auf Französisch geschrieben, auch die leckere Inselküche orientiert sich stark an der Gourmetküche Frankreichs. Jersey lockt mit schönen Sehenswürdigkeiten, darunter einige historische Megalithanlagen und alte Kirchen, aber auch mit modernen Attraktionen wie seinem Zoo 41.

Die Insel ist ideal für einen abwechslungsreichen und entspannenden Urlaub. Aber auch Aktivurlauber kommen voll auf ihre Kosten, wenn sie die Insel bzw. die Küste zu Fuß, mit dem Fahrrad, auf dem Surfbrett oder während einer Kajaktour erkunden.

Die Autoren

Janina Rauscher und Markus Meier entdeckten vor einigen Jahren ihre Liebe zu den Landschaften Südenglands. Zuerst erwanderten sie Cornwall, über das sie sogleich einen Wanderführer verfassten. Besonders die dramatischen Steilküsten, die grüne Landschaft, das milde Klima und der Genuss von „Cornish cream tea" begeisterten die beiden.

Jersey wirkte auf sie wie die kleine, wunderschöne Schwester von Cornwall, weshalb sie die Wanderwege der Insel für einen weiteren Wanderführer erkundeten. Dabei besuchten sie alle Sehenswürdigkeiten und Schönheiten Jerseys und erfreuten sich ausgiebig an der Inselküche. Die Sonnenuntergänge am Strand von Saint Ouen's Bay oder von der Steilküste nahe Devil's Hole 38 sind beiden unvergessen. Die aus Bayern stammenden Autoren leben in der Schweiz.

087je-mjm

088je-mjm

Unsere

001je-mjm

18 Judith Quérée Garden [C2]

Ihren Garten legten Judith und ihr Mann mit viel Liebe an. Wunderschön blühen die Blumen in diesem Kleinod an der Nordküste rund um das liebevoll renovierte, romantische Sandsteinhäuschen. Ein wahrhaft traumhafter Ort zum Bewundern, aber auch zum Entspannen und Träumen. Die Vielfalt und Schönheit dieses Gartens begeistert uns immer wieder aufs Neue (s. S. 33).

085je-mjm

34 Corbière Lighthouse [A6]

In traumhafter Lage steht der Leuchtturm im Südwesten der Insel. Bei Ebbe kann man zu Fuß zu den roten Granitfelsen am Fuß des Leuchtturms hinüberspazieren, bei Flut brandet das Meer spektakulär gegen die Felsen. Sensationell ist der Blick von der Küste zum Leuchtturm, wenn hinter ihm die Sonne untergeht (s. S. 51).

003je-mjm

41 Jersey Zoo [H3]

Im wunderschön angelegten Zoo von Jersey konzentriert man sich auf die artgerechte Haltung gefährdeter Tierarten in naturnah gestalteten Gehegen. Besonders die Anlagen der Menschenaffen und die vielen verschiedenen Affenarten, vorrangig aus Madagaskar, beeindrucken junge und alte Besucher (s. S. 60).

004je-mjm

51 La Hougue Bie [H4]

Die bedeutendste Megalithanlage auf den Kanalinseln befindet sich unter einem großen Steinhügel. Nach Passieren des niedrigen Eingangs erreicht man eine große Kammer. Gruselig und faszinierend zugleich ist es, die Atmosphäre dieser Kultstätte der frühen Bewohner Jerseys zu spüren. Oben auf dem Hügel thronen zwei Kapellen aus dem 12. Jh. (s. S. 70).